U0404258

Nature
History
Library

博物文库

总策划：周雁翎

“博物学经典丛书”策划：陈　静

“博物人生丛书”策划：郭　莉

“博物之旅丛书”策划：郭　莉

“自然博物馆丛书”策划：邹艳霞

“自然文学丛书”策划：邹艳霞

“生态与文明丛书”策划：周志刚

博物文库·博物学经典丛书

玛蒂尔达手绘木本植物

〔英〕玛蒂尔达 著/绘
孙英宝 译
陈莹婷 刘 冰 王钧杰 校

北京大学出版社
PEKING UNIVERSITY PRESS

图书在版编目(CIP)数据

玛蒂尔达手绘木本植物/（英）玛蒂尔达（Matilda Smith）著绘；孙英宝译；—北京：北京大学出版社，2016.10
（博物文库·博物学经典丛书）
ISBN 978-7-301-27340-1
Ⅰ. ①玛… Ⅱ. ①玛… ②孙… Ⅲ. ①插图（绘画）–作品集–英国–近代 ②木本植物–图谱 Ⅳ. ①J238.5 ②Q949.4-64

中国版本图书馆CIP数据核字(2016)第180990号

书　　名　玛蒂尔达手绘木本植物
MADIERDA SHOUHUI MUBEN ZHIWU
著作责任者　〔英〕玛蒂尔达 著/绘　孙英宝 译　陈莹婷　刘　冰　王钧杰 校
责任编辑　陈　静
标准书号　ISBN 978-7-301-27340-1
出版发行　北京大学出版社
地　　址　北京市海淀区成府路205号　100871
网　　址　http://www.pup.cn　　新浪微博：@北京大学出版社
电子信箱　zyl@pup.pku.edu.cn
电　　话　邮购部62752015　发行部62750672　编辑部62767857
印 刷 者　北京雅昌艺术印刷有限公司
经 销 者　新华书店
889毫米×1194毫米　大16开本　18印张　200千字
2016年10月第1版　2016年10月第1次印刷
定　　价　108.00元

序

王文采

（中国科学院院士）

植物分类学在历史上首先在欧洲获得蓬勃发展，从 16 世纪到 18 世纪初，就有意大利植物学家凯沙尔宾罗（A. Caesalpino，1519—1603）编著的《论植物》（*De Plantis*，1583，收载 1500 种植物），瑞士的鲍欣（G. Bauhin，1560—1624）编著的《植物界图览》（*Pinax Theatri Botanici*，1623，收载 6000 种植物），英国植物学家雷（J. Ray，1627—1705）编著的《植物分类新方法》（*Methodus plantarum Nova*，1703 年第二版中，收载 18000 种植物）等几部大部头著作出版。

1753 年，瑞典植物学家林奈（C. Linnaeus，1707—1778）编著的《植物种志》（*Species plantarum*）收载 7700 种植物，根据雄蕊数目、愈合情况和长度将这些植物划分为 24 纲。书中每种植物的种名（Species name）均由一属名和一种加词构成，这样，二名命名法和每种植物的学名得到确定，这对植物学知识国际间的交流和植物学的发展起到极大促进作用。林奈此书的问世标志近代植物分类学的诞生。

此后到 19 世纪末不断有大部头著作出版，著名的有瑞士植物学家德堪多（A. P. de Candolle，1778—1841）父子编著的 17 卷巨著《植物界自然系统初编》（*Prodiumus systematis naturalis regni vegetabilis*，1824—1873，收载 58975 种植物），英国植物学家本瑟姆（G. Bentham，1800—1884) 和约瑟夫·胡克（J. D. Hooker，1817—1911）费时二十余年编著的《植物属志》（*Genera plantarum*，1862—1883，收载世界种子植物 200 科，7569 属）。以上著作均用拉丁文书写，没有图。

19 世纪中叶之后，法国植物学家拜伦（H. Baillon，1827—1895）编著了 13 卷的巨著《植物历史》（*Histoire des plantes*，1867—1895），收载了维管植物的所有科、属，给出了大量生殖器官的精美的插图，这对植物学研究和教学等方面有重要意义。在此书出版之后，德国植物学家恩格勒（A. Engler，1844—1930）和普兰特（K. Prantl，1849—1893）编著了 23 卷的空前巨著《植物自然科志》（*Dienatürlichen Pflanzenfamilien*，1887—1899），收载了当时有记录的植物界的所有纲、目、科、属，给出了大量精美图版。在 19 世纪，出版了不少科、属专著，不少国家、地区的植物志，在各种植物学期刊上发表了大量的科、属、种等新分类群，其中都包括不少植物插图。在期刊方面，英国皇家植物园邱园标本馆编著的专门刊载植物图版的期刊《柯蒂斯植物杂志》（*Curtis's Botanical Magazine*）和《胡克植物图志》（*Hooker's Icones Plantarum*）最为著名。大量植物图在植物学著作和期刊中发表，促使邱园标本馆编著了查阅植物图的索引著作《伦敦索引》（*Index Londinensis*，6 卷，1920—1931；补编，2 卷，1941）。

植物分类学专家　王文采 院士

我国近代植物分类学研究起步较迟，在 20 世纪 20 年代才开始开展研究工作。我们的先辈们非常重视植物科学绘图工作，编著了一些有关图志的书，如胡先骕、陈焕镛的《中国植物图谱》（5 卷，1927—1937），胡先骕、秦仁昌的《中国蕨类植物图谱》（2 卷，1930—1934），胡先骕的《中国森林树木图志——桦木科和榛科》（1941），刘慎谔主编的《中国北部植物图志》（5 册，1936），周汉藩编著的《河北习见树木图说》（1934），方文培编著的《峨眉植物图志》（4 卷，1942—1946）。新中国成立后不久，汪发瓒主编《中国主要植物图说：豆科》（1955），耿以礼教授主编《中国主要植物图说：禾本科》（1959），傅书遐教授编著《中国主要植物图说：蕨类植物门》（1957），其后于 20 世纪 70 到 80 年代由植物研究所编著了 7 册《中国高等植物图鉴》（1972—1983）。与此书同时，我国多数省、区的植物志，以及 80 卷巨著《中国植物志》（1960—2004）也陆续出版。

上述著作中都有大量植物图，这为我国植物学研究和教学的发展，都作出了重要贡献。根据上述情况可见，在近一百年的植物分类学研究中，我国在植物科学绘画方面做了大量工作，取得很大成就。但从我国极为丰富、复杂的植物区系来考虑，对不少科、属，如菊科、兰科、豆科、百合科、杜鹃花科、报春花科以及玄参科的马先蒿属，罂粟科的紫堇属，毛茛科的乌头属、翠雀属等，多数有科学意义、经济价值和观赏价值的科、属，都值得进行图谱方面的编著工作。这些都是显现我国复杂植物区系的基础工作，应予以重视。

遗憾的是，在《中国植物志》80 卷出版之后，我国植物分类学研究在不少地区陷于停滞状态，植物科学绘图也自然受到影响。最近北京大学出版社计划出版世界著名博物学家的经典手绘生物图谱，我感到很高兴。因为，我想这类著作的出版具有借鉴作用，可能会促进我国植物分类学的研究。如上所述，我国植物区系丰富、复杂，有不少分类群的系统位置、亲缘关系等方面都存在问题，需要进行多学科的综合研究才可能得到解决。在此，我衷心祝愿北京大学出版社主持的经典手绘生物图谱出版工作进展顺利，取得成功！

2015 年 5 月 10 日

于香山寓所

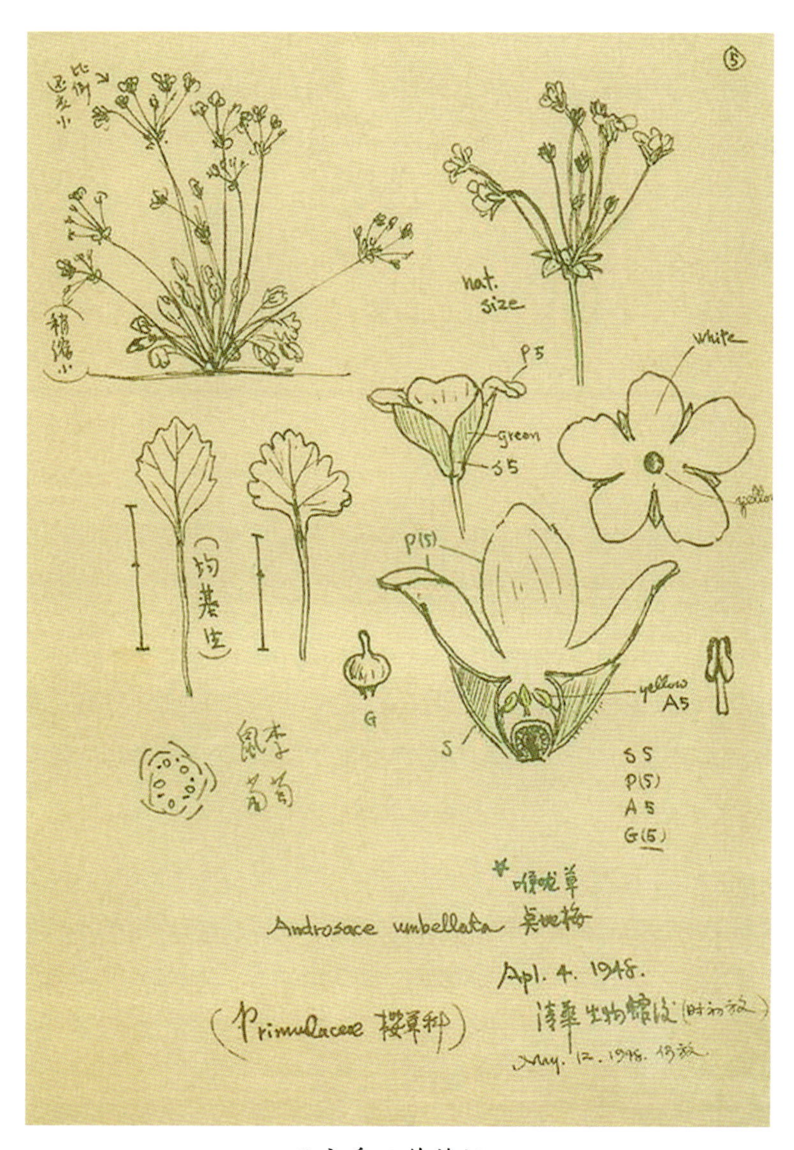

王文采工作笔记

地点：清华生物馆后面。

Apl. 4. 1948：发现的时候花是初开放。

May. 12. 1948：花的开放时间。

图片下部标注着植物的科属及其拉丁文“Primulaceae 樱草科”“*Androsace umbellata* 喉咙草、点地梅”。

字母标注的是花各部位拉丁文的缩写：A 是代表雄蕊 anther；G 是代表雌蕊 gynecium；S 是代表萼片 sepal；P 代表花瓣 petal。后面标的数字就是几个的意思，如 S5 代表 5 个萼片，离生；P（5）代表 5 片花瓣，合生。nat. size 记录的原大小。

导 读

孙英宝

（中国科学院植物研究所　植物科学画师）

在众多的博物学著作中，那些出自不同画家笔下的漂亮插图令人赏心悦目、赞不绝口。正是这些博物画的存在，使得著作更加充满神采，经久不衰。因此，人们不应该忘记那些科学画师们，他们倾注了自己一生的心血，最终把漂亮且准确的作品留给世人，给人以美的享受。玛蒂尔达·史密斯（Matilda Smith，1854—1926）就是一位非常优秀且具有代表性的植物科学画师，她的作品在当时为很多人所熟知与追捧，在植物学研究和园艺实践方面也非常受尊崇。

玛蒂尔达是英国著名的博物学家约瑟夫·胡克（J. D. Hooker，1817—1911）的外甥女，从小便有很高的绘画天赋。1878 年，邱园出版的《柯蒂斯植物杂志》正急需一位绘图师。这时，胡克想起了他那从小喜欢绘画，尤其喜欢画植物的外甥女玛蒂尔达。但考虑到玛蒂尔达不懂植物学，胡克决定把她带在身边，亲自培养她学习植物学及植物绘画。不久，天资聪明的玛蒂尔达就进入了工作状态，成为当时从事植物图鉴工作的唯一的女性绘图师。后来，她又被英国的植物学家本瑟姆·乔治（Bentham George，1800—1884）先生重用，参加《植物学》杂志的绘图工作，根据标本先后绘制了大约 2300 幅植物插图。

玛蒂尔达在邱园的另一个重要工作是绘制新发现的开花植物，她一生绘制的植物彩图比任何当时的画师都要多。她还有另一项很有意义的工作，就是给图书馆中破损著作中的缺失图做临摹和修复。胡克去世后，她设计的 5 种植物图案被用于装饰胡克的纪念碑。

青年时期的玛蒂尔达

老年时期的玛蒂尔达

马蒂尔达在 1921 年退休的时候，成为林奈学会会员，并荣获了英国皇家园艺学会颁发的维奇纪念银牌。

玛蒂尔达一生所绘的植物画作涉及植物种类较多，数量也很大。作品以表现植物的主要鉴别特征为主。植株较小的草本植物可以画出其整体的生长特征，再配以相应的解剖图；植株较大的草本植物，基本是节选植物最具有代表性特征的部分和重要的解剖结构；在绘制木本植物的时候，主要表现植物的花果部位，加上局部放大或者解剖图。另外，玛蒂尔达的作品布局比较好，画面的主体部分展示植物的主要鉴别特征，在空白处加入了丰富的解剖图，所以她的作品往往显得很丰满，内容也比较丰富。

像玛蒂尔达这样，一生执着于植物科学绘画的人并不多。她的作品大多是彩色与黑白相结合，给读者一定的穿越感。画面的主体部分用彩色来表现，而解剖图部分则具有黑白素描的效果，这样会更加清晰且完整地展示解剖结构。总体来讲，她的作品不仅具有完整的科学内容与精妙的绘画技法，而且具有极高的艺术美感。她笔下的植物栩栩如生，跃然纸上，赋予了植物标本新的生命。这正是科学绘画与摄影以及其他艺术绘画的不同之处。生物科学绘画正是美学与科学相互渗透的产物，是按照生物科学规律，运用绘画形式表现生命题材的一种艺术语言。

本书所收录的所有图版，均经过专业人员校对，对植物的科、属、种都进行了确认，并保留了植物的拉丁学名。为了让读者对玛蒂尔达笔下的植物有更深入的了解，我们在各科前增加了该科特征的简要介绍。通过阅读本书，我相信，您一定会赞叹这位伟大的科学绘画大师的生花妙笔，更会敬佩她对艺术的执着追求！

2016 年 5 月 29 日

于香山寓所

王文采院士发现了新物种，由孙英宝绘好初稿，王院士对画稿进行严格的审定，反复修改补充之后，画稿才能够最终完成。

目　录

8. 忍冬科 / 130

荚蒾属
桦叶荚蒾 / 131
红蕾荚蒾 / 132
烟管荚蒾 / 133
巴东荚蒾 / 134
双六道木属
温州双六道木 / 135
糯米条属
蒲梗花 / 136
忍冬属
沼生忍冬 / 137
刚毛忍冬 / 138
新疆忍冬 / 139
岩生忍冬 / 140
毛花忍冬 / 141
郁香忍冬 / 142
红苞忍冬 / 143
双盾木属
双盾木 / 144
云南双盾木 / 145
猬实属
猬实 / 146

9. 瑞香科 / 147

米瑞香属
米瑞香 / 148
皇冠果属
八蕊皇冠果 / 149
结香属
滇结香 / 150
瑞香属
黄瑞香 / 151
巴氏瑞香 / 152

10. 桑科 / 153

琉桑属
臭琉桑 / 154
榕属
天仙果 / 155
孟加拉榕 / 156

11. 山茶科 / 157

红淡比属
红淡比 / 158
紫茎属
紫茎 / 159

12. 山龙眼科 / 160

帝王花属
长叶帝王花 / 161
蒂罗花属
山蒂罗花 / 162
扭瓣花属
锈色扭瓣花 / 163
荣桦属
桂叶荣桦 / 164
银桦属
深红银桦 / 165
铁角蕨叶银桦 / 166

1. 杜鹃花科

Ericaceae

灌木或乔木；地生或附生；通常常绿，少有落叶。叶革质，少有纸质，互生，全缘或有锯齿，被各式毛或鳞片，或无覆被物。花单生或组成总状、圆锥状或伞形总状花序，顶生或腋生，两性，辐射对称或略两侧对称；具苞片；花萼4～5裂，宿存，有时花后肉质；花瓣合生成钟状、坛状、漏斗状或高脚碟状，稀离生，花冠通常5裂；雄蕊常为花冠裂片的2倍，花丝分离；花盘盘状，具厚圆齿。蒴果或浆果；种子小，无翅或有狭翅，或两端具伸长的尾状附属物。

约125属，4000种，广泛分布在温带、亚北极地区以及热带高海拔地带。中国有22属826种，其中524种中国特有。

本科的许多属、种是著名的园林观赏植物，已为世界各地广为利用，中国常见的有杜鹃花属、吊钟花属、树萝卜属等种类。杜鹃花属的木材是优良的工艺用材；产于中国北方的一些越橘属植物的浆果，有极好的食用价值；从本科植物中提取的多种化学成分可用于医药工业和日用品工业。

杜鹃花科 杜鹃花属 柠檬杜鹃（*Rhododendron boothii*）

杜鹃花科 杜鹃花属 露珠杜鹃（*Rhododendron irroratum*）

杜鹃花科 杜鹃花属 大字杜鹃（*Rhododendron schlippenbachii*）

杜鹃花科 杜鹃花属 百里香叶杜鹃（*Rhododendron serpyllifolium*）

杜鹃花科 杜鹃花属 睫毛萼杜鹃（*Rhododendron ciliicalyx*）

杜鹃花科 杜鹃花属 银叶杜鹃（*Rhododendron argyrophyllum*）

杜鹃花科 杜鹃花属 短花杜鹃（*Rhododendron brachyanthum*）

杜鹃花科 杜鹃花属 山育杜鹃（*Rhododendron oreotrephes*）

杜鹃花科 杜鹃花属 怒江杜鹃（*Rhododendron saluenense*）

杜鹃花科 杜鹃花属 锈叶杜鹃（*Rhododendron siderophyllum*）

杜鹃花科 杜鹃花属 卵叶杜鹃 （*Rhododendron callimorphum*）

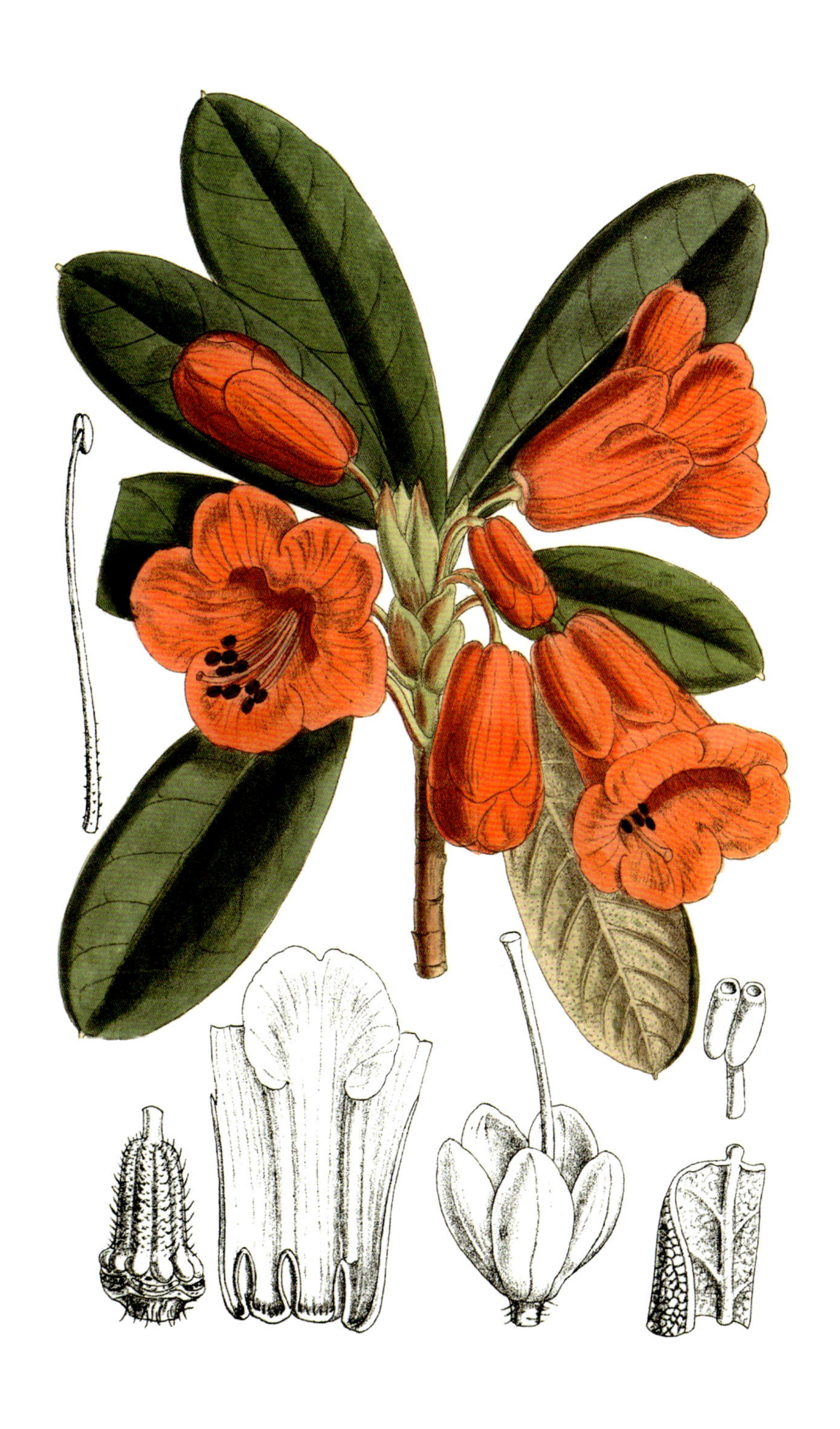

杜鹃花科 杜鹃花属 两色杜鹃（*Rhododendron dichroanthum*）

杜鹃花科 杜鹃花属 柳条杜鹃（*Rhododendron virgatum*）

杜鹃花科 杜鹃花属 毛嘴杜鹃（*Rhododendron trichostomum*）

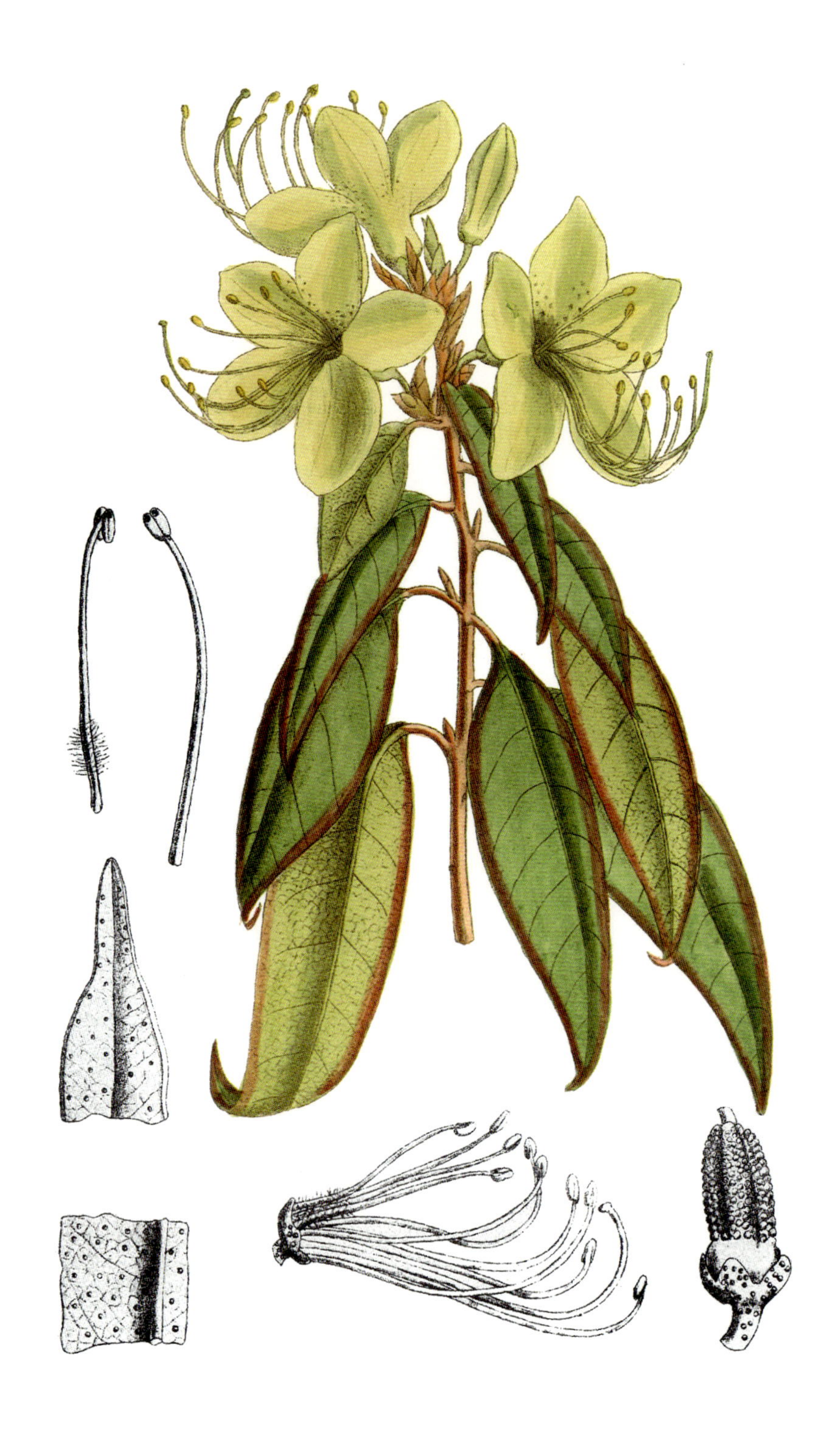

杜鹃花科 杜鹃花属 黄花杜鹃（*Rhododendron lutescens*）

杜鹃花科 杜鹃花属 水仙杜鹃（*Rhododendron sargentianum*）

杜鹃花科 杜鹃花属 芒刺杜鹃（*Rhododendron strigillosum*）

杜鹃花科 杜鹃花属 亮叶杜鹃（*Rhododendron vernicosum*）

杜鹃花科 杜鹃花属 红晕杜鹃（*Rhododendron erubescens*）

杜鹃花科 杜鹃花属 疏叶杜鹃（*Rhododendron hanceanum*）

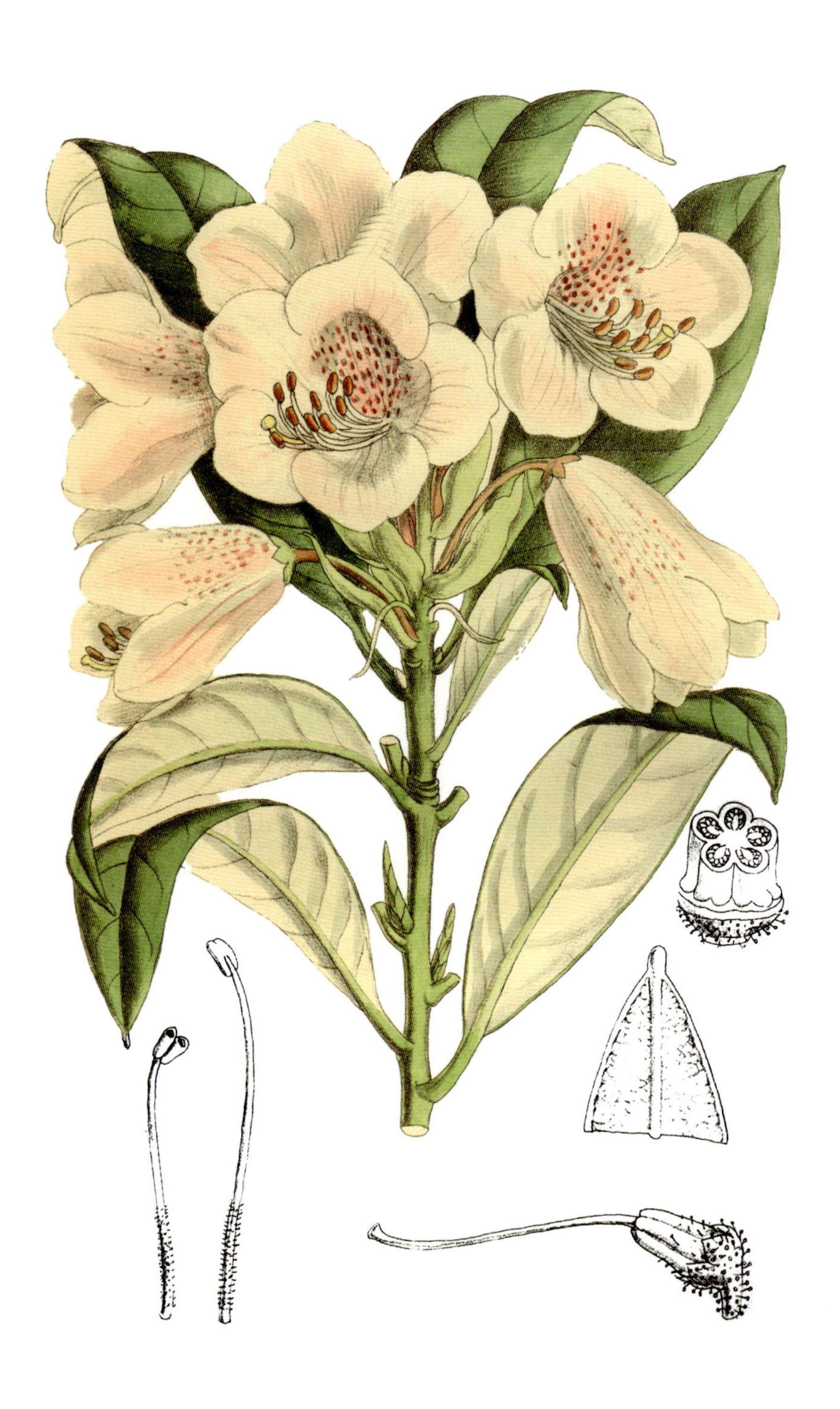

杜鹃花科 杜鹃花属 粉白杜鹃（*Rhododendron hypoglaucum*）

杜鹃花科 杜鹃花属 猴头杜鹃（*Rhododendron simiarum*）

杜鹃花科 杜鹃花属 马缨杜鹃（*Rhododendron delavayi*）

杜鹃花科 杜鹃花属 隐蕊杜鹃（*Rhododendron intricatum*）

杜鹃花科 杜鹃花属 满山红（*Rhododendron mariesii*）

杜鹃花科 杜鹃花属 淡黄杜鹃（*Rhododendron flavidum*）

杜鹃花科 杜鹃花属 多鳞杜鹃（*Rhododendron polylepis*）

杜鹃花科 杜鹃花属 阴地杜鹃（*Rhododendron keiskei*）

杜鹃花科 杜鹃花属 迎红杜鹃（*Rhododendron mucronulatum*）

杜鹃花科 杜鹃花属 问客杜鹃（*Rhododendron ambiguum*）

杜鹃花科 杜鹃花属 爆杖杜鹃（*Rhododendron spinuliferum*）

杜鹃花科 杜鹃花属 四川杜鹃（*Rhododendron sutchuenense*）

杜鹃花科 杜鹃花属 山光杜鹃（*Rhododendron oreodoxa*）

杜鹃花科 杜鹃花属 刚毛杜鹃（*Rhododendron setosum*）

杜鹃花科 杜鹃花属 宏钟杜鹃（*Rhododendron wightii*）

杜鹃花科 杜鹃花属 凹叶杜鹃（*Rhododendron davidsonianum*）

杜鹃花科 杜鹃花属 宝兴杜鹃（*Rhododendron moupinense*）

杜鹃花科 杜鹃花属 白碗杜鹃（*Rhododendron souliei*）

杜鹃花科 杜鹃花属 长蕊杜鹃（*Rhododendron stamineum*）

杜鹃花科 杜鹃花属 大白杜鹃（*Rhododendron decorum*）

杜鹃花科 杜鹃花属 火红杜鹃（*Rhododendron neriiflorum*）

杜鹃花科 杜鹃花属 云南杜鹃（*Rhododendron yunnanense*）

2. 金缕梅科

Hamamelidaceae

常绿或落叶乔木和灌木。叶互生，很少对生，全缘或有锯齿，或掌状分裂，具羽状脉或掌状脉。花排成头状花序、穗状花序或总状花序，两性，或单性而雌雄同株，有时杂性；异被，辐射对称，或缺花瓣、花被；萼筒与子房多少合生，花瓣与萼裂片4～5枚，线形、匙形或鳞片状；子房半下位或下位，有时上位，2室，上半部分离；花柱2个，有时伸长，柱头尖细或膨大。蒴果，常室间及室背裂开为4片，外果皮木质或革质，内果皮角质或骨质；种子多数。

约30属，140种，分布于东非和南非（包括马达加斯加），东亚、西亚和东南亚地区，澳大利亚东北部、美洲及太平洋群岛。中国有18属，74种，其中特产4属、58种。

本科植物全部是木本，枫香树属、蕈树属、马蹄荷属、山铜材属、壳菜果属、半枫荷属等种类的木材可供建筑及制作家具；供药用的有枫香树属、蕈树属、半枫荷属、金缕梅属、牛鼻栓属及蜡瓣花属；枫香树属及蕈树属的树脂还可作香料及定香原料；多数属植物均有观赏价值，尤以红花荷属及蜡瓣花属最著名。

金缕梅科 金缕梅属 日本金缕梅（*Hamamelis japonica*）

金缕梅科 金缕梅属 弗吉尼亚金缕梅（*Hamamelis virginiana*）

金缕梅科 金缕梅属 金缕梅（*Hamamelis mollis*）

金缕梅科 金缕梅属 春金缕梅（*Hamamelis vernalis*）

金缕梅科 蜡瓣花属 西域蜡瓣花（*Corylopsis himalayana*）

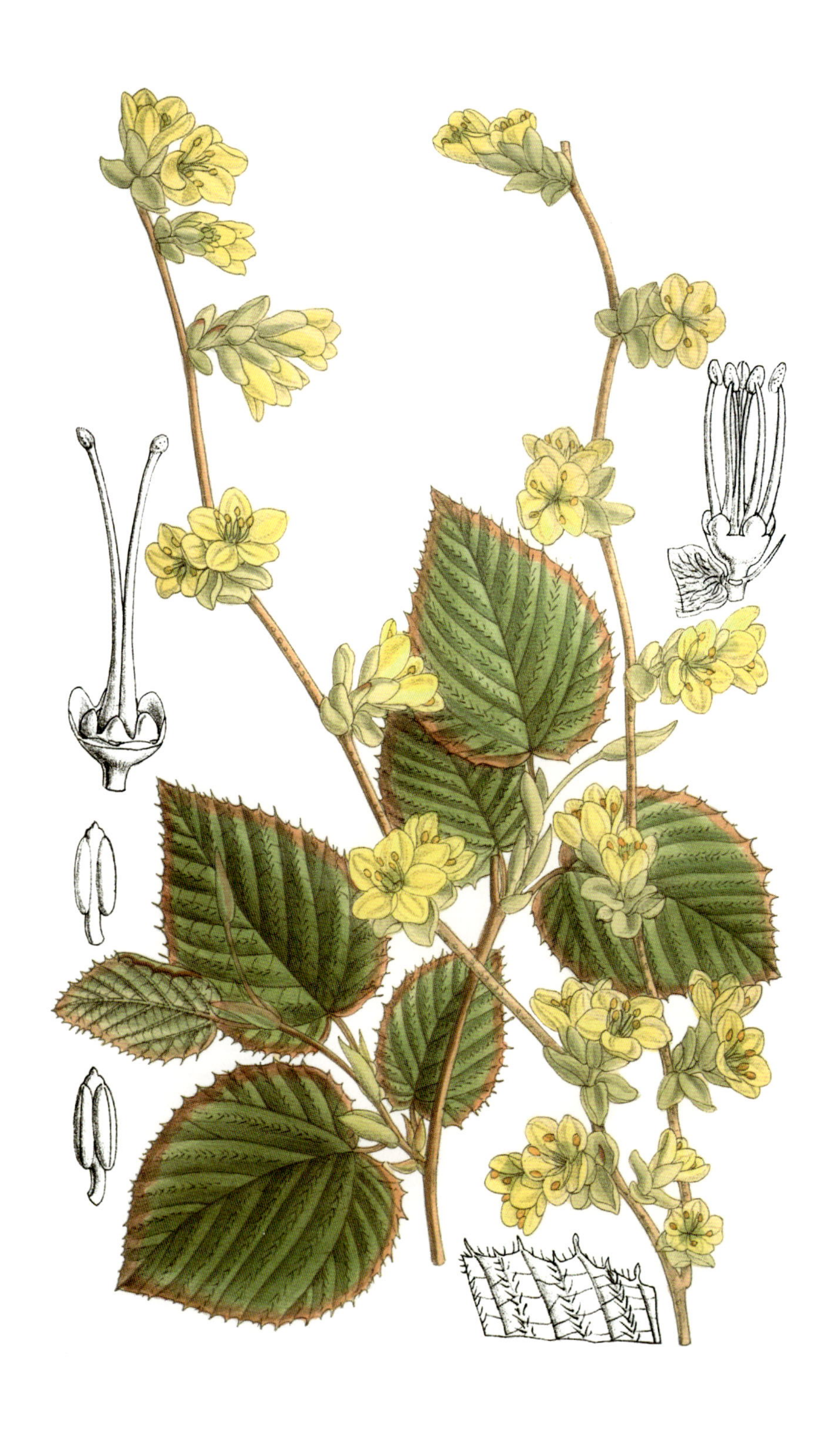

金缕梅科 蜡瓣花属 少花蜡瓣花（*Corylopsis pauciflora*）

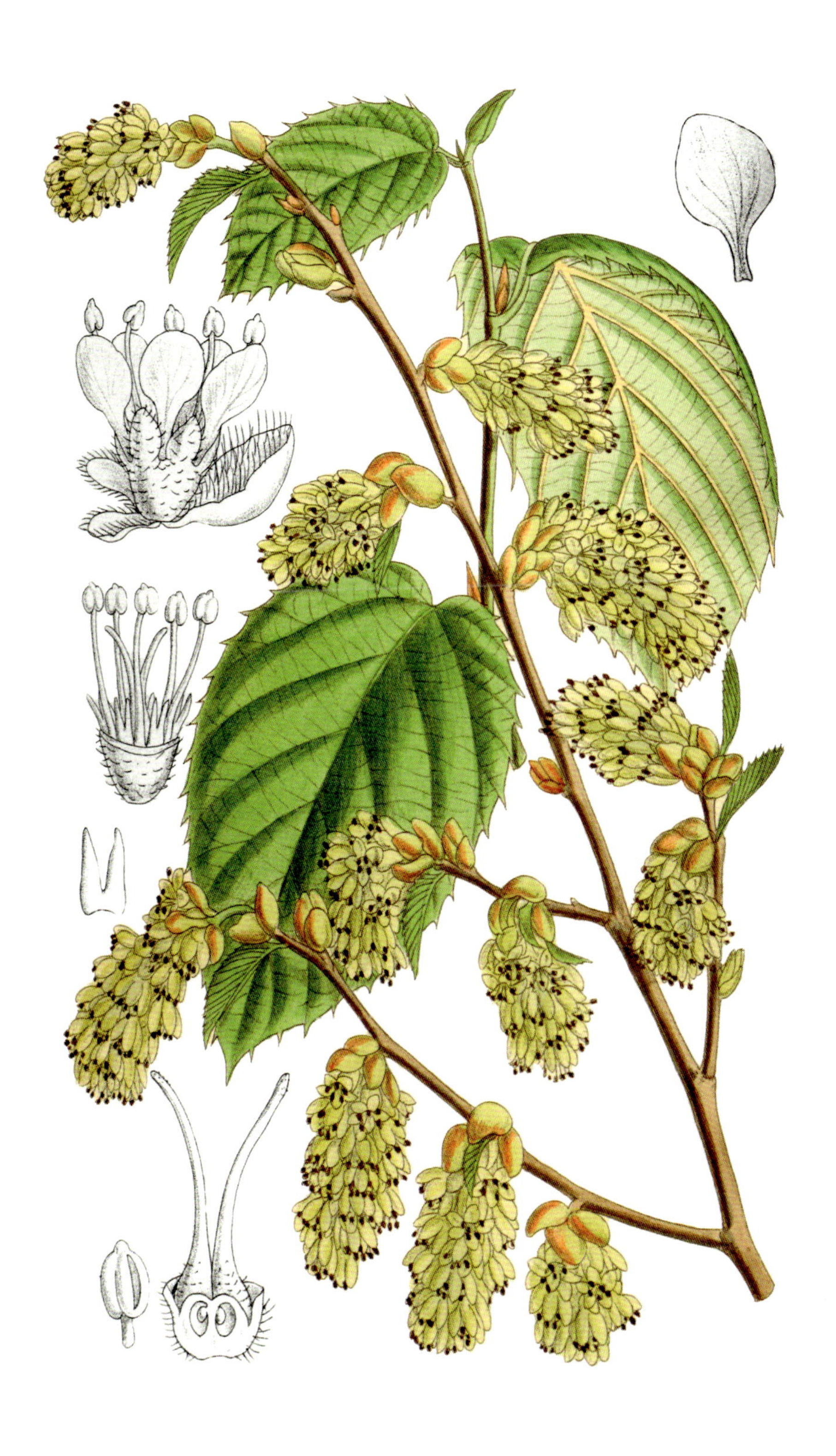

金缕梅科 蜡瓣花属 红药蜡瓣花（*Corylopsis veitchiana*）

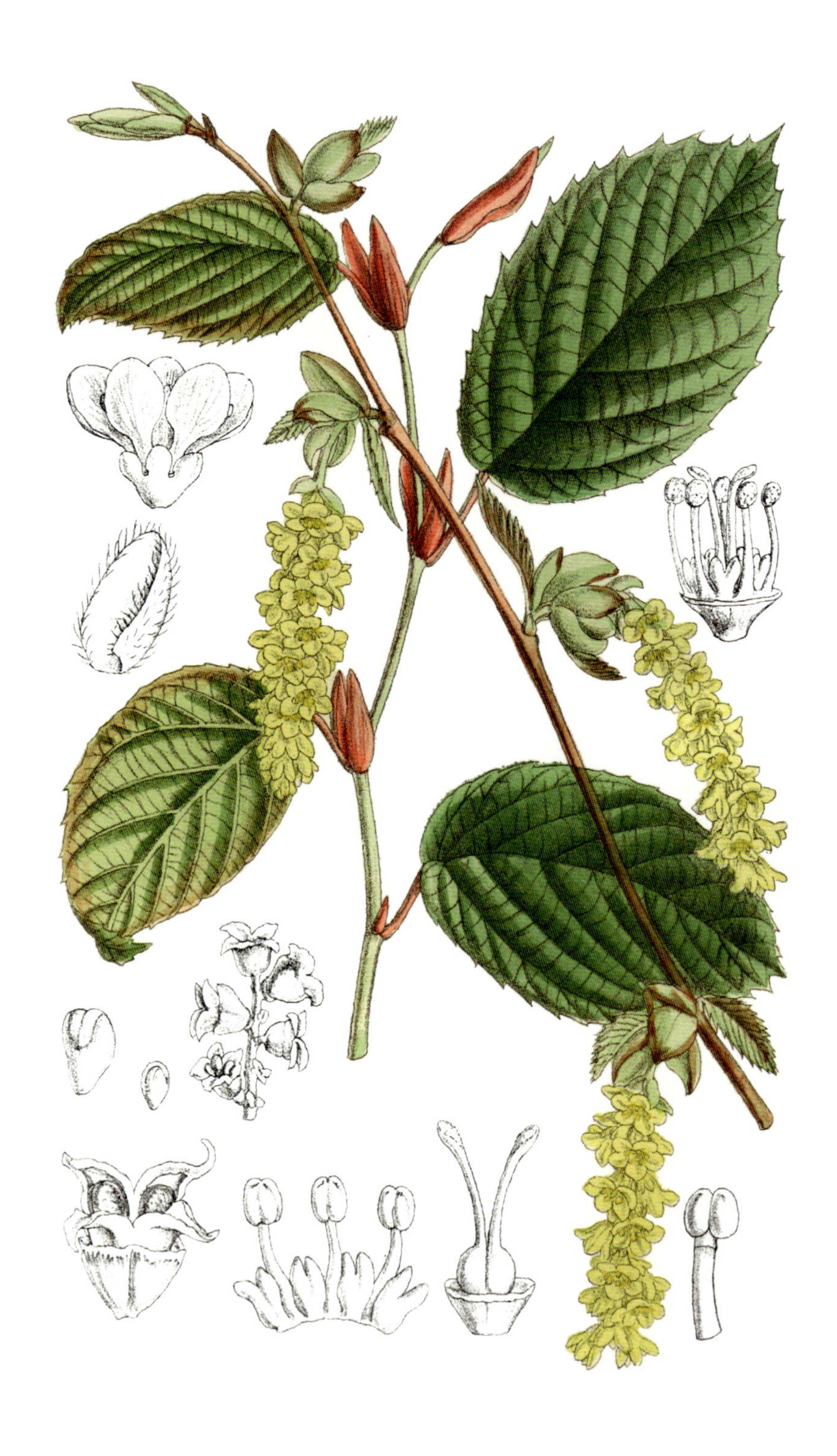

金缕梅科 蜡瓣花属 四川蜡瓣花（*Corylopsis willmottiae*）

金缕梅科 双花木属 双花木（*Disanthus cercidifolius*）

3. 猕猴桃科

Actinidiaceae

常绿的木质藤本。被毛发达多样。单叶，互生，无托叶。花序腋生，聚伞或总状式，或者简化至1多花单生。花两性或雌雄异株，辐射对称；萼片5片；花瓣5片，稀2～3片，覆瓦状排列，偶尔镊合状排列；分离或者基部合生；雄蕊10枚或更多，雌蕊5枚以上。子房上位，花柱离生或合生，具肉质的假种皮（浆果），胚乳丰富。

3属，约357种，分布在亚洲和美洲。中国有3属，66种，其中特产1属、52种。

本科植物的经济价值以猕猴桃属为最大，主要是以含维生素很丰富的果实及其甜酸适口和特异的风味见著。

猕猴桃科 猕猴桃属 葛枣猕猴桃（*Actinidia polygama*）

猕猴桃科 猕猴桃属 中华猕猴桃（*Actinidia chinensis*）

4. 木兰科

Magnoliaceae

乔木或灌木；具有球形或椭圆形油细胞。单叶互生，不分裂。花单生于枝顶，部分腋生。花被片通常花瓣状，6枚或较多，离生，少数最外轮三枚花被片萼片化而与其他花被片不同；雄蕊多数，花丝粗短，和花药难分离。子房上位，心皮多数，离生，罕合生，虫媒传粉，果实为由蓇葖果组成的聚合果。

约17属，300种，主要分布在东南亚和美洲。中国约有13属，108～112种，其中特产62～66种。

本科植物多数树姿挺直，是优美的观赏乔灌木，如鹅掌楸属、木兰属、含笑属等。

木兰科 木兰属 天女花（*Magnolia sieboldii*）

木兰科 木兰属 日本厚朴（*Magnolia obovata*）

木兰科 木兰属 日本辛夷（*Magnolia kobus*）

木兰科 木兰属 柳叶玉兰（*Magnolia salicifolia*）

木兰科 木兰属 山玉兰（*Magnolia delavayi*）

5. 木通科

Lardizabalaceae

木质藤本，很少为直立灌木。茎缠绕或攀援，木质部有宽大的髓射线；冬芽大，有2至多枚覆瓦状排列的外鳞片。叶互生，掌状或三出复叶，很少为羽状复叶；叶柄和两端膨大为节状。花辐射对称，单性，雌雄同株或异株，很少杂性，常组成总状花序，萼片花瓣状，6片，排成两轮；花瓣6枚，蜜腺状，远较萼片小，有时无花瓣；雄蕊6枚，花丝离生或多少合生成管；在雌花中有6枚退化雄蕊，花托扁平或膨大，子房上位，离生，柱头显著，近无花柱。肉质的骨葖果或浆果；种子多数，或仅1枚，种皮脆壳质。

9属，约50种，主要分布在东亚，有两个属在南美洲。中国有7属，37种，其中特产2属、25种。

本科有些种类能入药、供观赏和食用。

木通科 串果藤属 串果藤（*Sinofranchetia chinensis*）

木通科 木通属 三叶木通（*Akebia trifoliata*）

6. 木犀科

Oleaceae

乔木，直立或藤状灌木。叶对生，稀互生或轮生，单叶、三出复叶或羽状复叶，稀羽状分裂。花辐射对称，两性，稀单性或杂性，花序顶生或腋生，稀花单生；花冠4裂，有时多达12裂；雄蕊2枚，稀4枚，着生于花冠管上或花冠裂片基部；子房上位，由2心皮组成2室，花柱单一或无花柱，柱头2裂或头状。果为翅果、蒴果、核果、浆果或浆果状核果。

约28属，超400种，分布在热带、亚热带和温带，尤其是亚洲地区。中国有10属，160种，其中特产95种。

本科具有许多重要的药用植物、香料植物、油料植物以及环保树种，如油橄榄的种仁可榨油供食用，也可制蜜饯；连翘的果实是中成药银翘解毒丸的主要成分之一；几种梣属植物的树皮入药称秦皮；木犀（桂花）、茉莉花以及各种丁香属的植物，既是提取香精、配制高级香料的原料，又是重要的观赏树种；有些梣属的种类可放养白蜡虫，提取白蜡供工业用；有些为建筑用材树种；也有的为防护林带的造林树种。

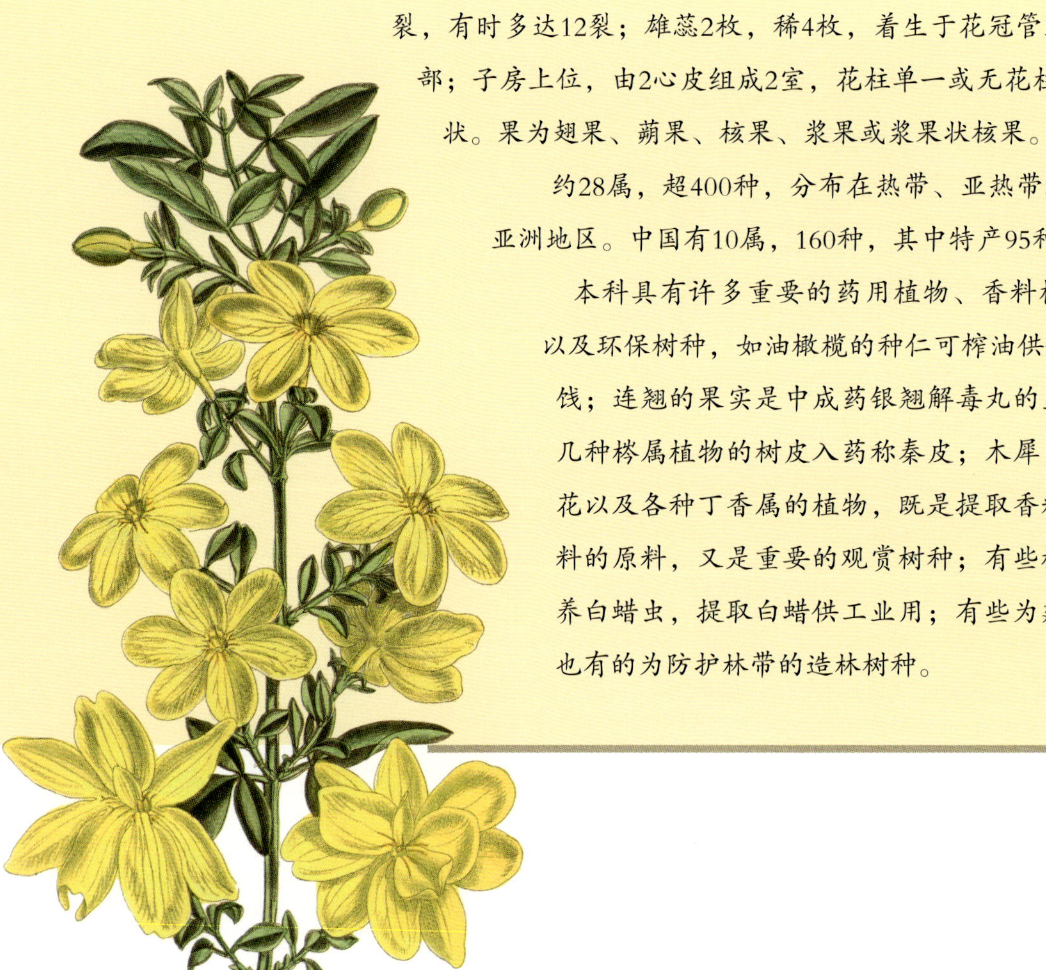

木犀科 丁香属 日本丁香（*Syringa reticulata*）

木犀科 丁香属 紫丁香（*Syringa oblata*）

木犀科 丁香属 西蜀丁香（*Syringa komarowii*）

木犀科 丁香属 巧玲花 （*Syringa pubescens*）

木犀科 丁香属 毛丁香（*Syringa tomentella*）

木犀科 连翘属 欧洲连翘（*Forsythia europaea*）

木犀科 木犀属 管花木犀（*Osmanthus delavayi*）

木犀科 女贞属 日本女贞（*Ligustrum japonicum*）

木犀科 女贞属 宜昌女贞（*Ligustrum strongylophyllum*）

木犀科 素馨属 野迎春（*Jasminum mesnyi*）

7. 蔷薇科

Rosaceae

草本、灌木或乔木，落叶或常绿，有刺或无刺。叶互生，稀对生，单叶或复叶，常有明显托叶。花两性，通常整齐，花托碟状、钟状、杯状、坛状或圆筒状，边缘着生萼片、花瓣和雄蕊；萼片和花瓣同数，通常4～5枚，稀无花瓣，萼片有时具副萼；雄蕊5至多数，花丝离生，稀合生；心皮1至多数，离生或合生，有时与花托连合；花柱与心皮同数，顶生、侧生或基生。果实为蓇葖果、瘦果、梨果或核果，稀蒴果。

95～125属，2825～3500种，世界大科，主要分布在温带北部。中国有55属，950种，其中特产2属、546种。

本科许多种类富有经济价值：温带的果品以属于本科者为多，如苹果、沙果、海棠、梨、桃、李、杏、梅、樱桃、枇杷、榅桲、山楂、草莓和树莓等；不少种类的果实富有维生素、糖和有机酸，可作果干、果脯、果酱、果酒、果糕、果汁、果丹皮等果品加工原料；桃仁和杏仁等可以榨取油料；地榆、龙牙草、翻白草、郁李仁、金樱子和木瓜等可以入药；玫瑰、香水月季等的花可以提取芳香挥发油；乔木种类的木材多坚硬，具有种种用途；作观赏用的种类更多，如各种绣线菊、绣线梅、珍珠梅、蔷薇、月季、海棠、梅花、樱花、碧桃、花楸、棣棠和白鹃梅等，在全世界各地庭园中均占重要位置。

蔷薇科 花楸属 白叶花楸（*Sorbus cuspidata*）

蔷薇科 花楸属 川滇花楸（*Sorbus vilmorinii*）

蔷薇科 火棘属 窄叶火棘（*Pyracantha angustifolia*）

蔷薇科 苹果属 红肉苹果（*Malus niedzwetzkyana*）

蔷薇科 苹果属 野木苹果（*Malus tschonoskii*）

蔷薇科 梨属 川梨（*Pyrus pashia*）

蔷薇科 李属 阿富汗矮樱桃（*Prunus jacquemontii*）

蔷薇科 李属 彼岸樱（*Prunus spachiana*）

蔷薇科 李属 砂樱桃（*Prunus besseyi*）

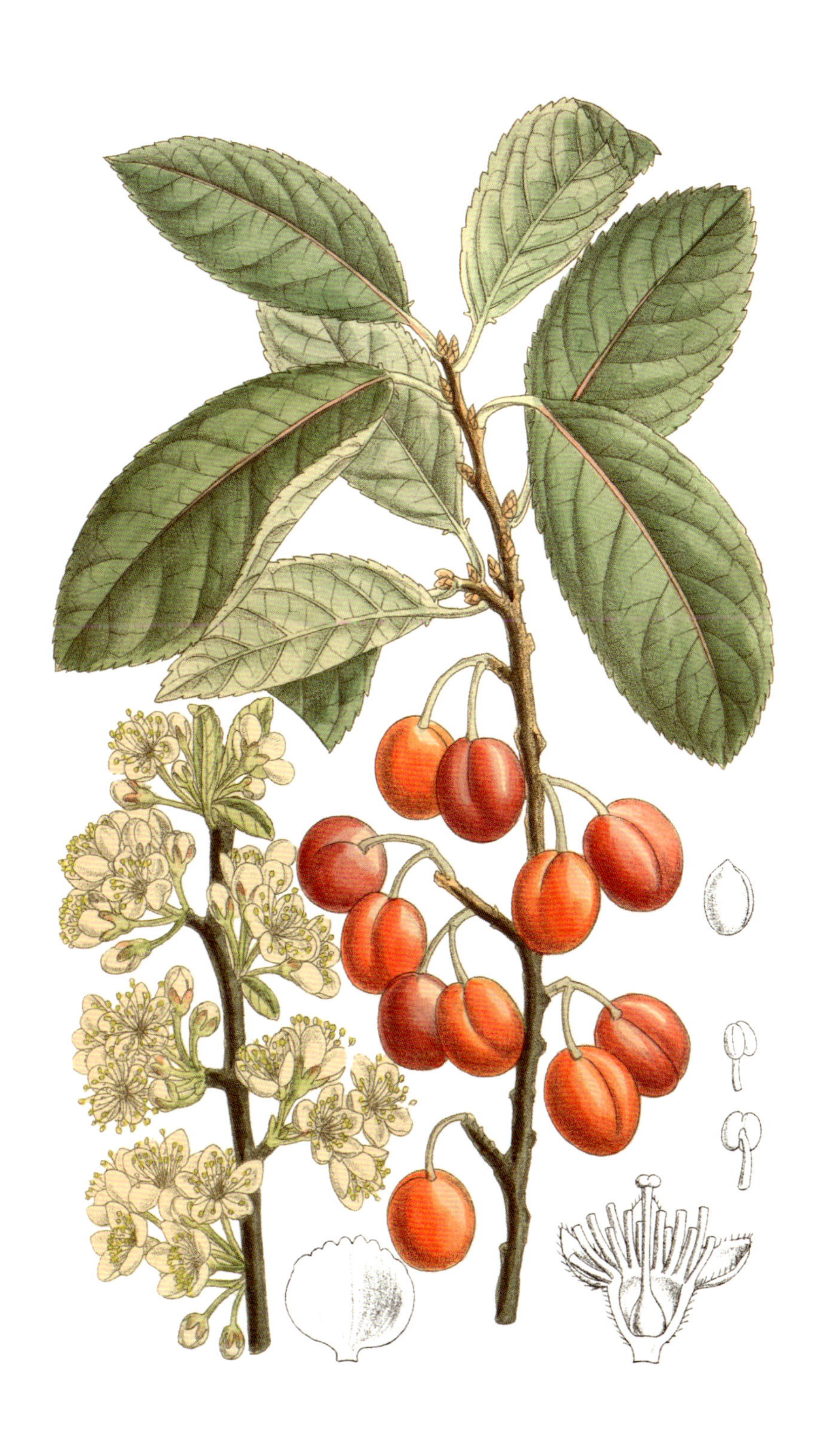

蔷薇科 李属 海滨李（*Prunus maritima*）

蔷薇科 李属 小果樱桃（*Prunus microcarpa*）

蔷薇科 李属 大山樱（*Prunus sargentii*）

蔷薇科 李属 宾州樱桃（*Prunus pensylvanica*）

蔷薇科 李属 榆叶梅（*Prunus triloba*）

蔷薇科 李属 樱桃（*Prunus pseudocerasus*）

蔷薇科 李属 毛樱桃（*Prunus tomentosa*）

蔷薇科 李属 郁李（*Prunus japonica*）

蔷薇科 李属 黑樱桃（*Prunus maximowiczii*）

蔷薇科 蔷薇属 缫丝花（*Rosa roxburghii*）

蔷薇科 蔷薇属 小檗叶蔷薇（*Rosa berberifolia*）

蔷薇科 蔷薇属 野蔷薇（*Rosa multiflora*）

蔷薇科 蔷薇属 木香花（*Rosa banksiae*）

蔷薇科 蔷薇属 光叶蔷薇（*Rosa luciae*）

蔷薇科 蔷薇属 腺果蔷薇（*Rosa fedtschenkoana*）

蔷薇科 蔷薇属 西北蔷薇（*Rosa davidii*）

蔷薇科 蔷薇属 大花香水月季（*Rosa gigantea*）

蔷薇科 蔷薇属 川滇蔷薇（*Rosa soulieana*）

蔷薇科 蔷薇属 宽刺绢毛蔷薇（*Rosa sericea* var. *pteracantha*）

蔷薇科 蔷薇属 小叶蔷薇（*Rosa willmottiae*）

蔷薇科 蔷薇属 华西蔷薇（*Rosa moyesii*）

蔷薇科 蔷薇属 峨眉蔷薇（*Rosa omeiensis*）

蔷薇科 蔷薇属 钝叶蔷薇（*Rosa sertata*）

蔷薇科 蔷薇属 伞房蔷薇（*Rosa corymbulosa*）

蔷薇科 蔷薇属 刺梗蔷薇（*Rosa setipoda*）

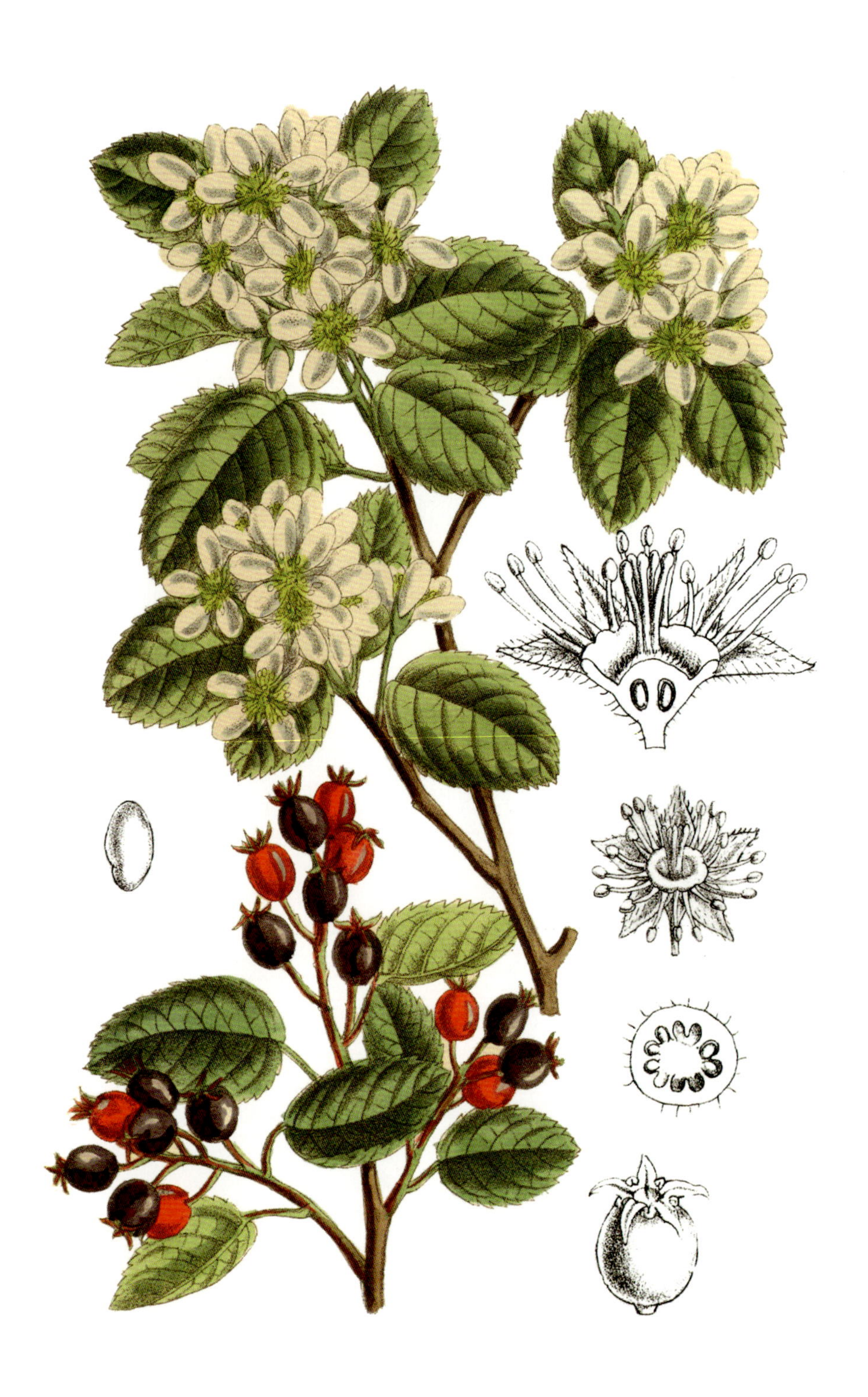

蔷薇科 唐棣属 桤叶唐棣（*Amelanchier alnifolia*）

蔷薇科 绣线菊属 翠蓝绣线菊（*Spiraea henryi*）

蔷薇科 绣线菊属 鄂西绣线菊（*Spiraea veitchii*）

蔷薇科 绣线菊属 陕西绣线菊（*Spiraea wilsonii*）

蔷薇科 悬钩子属 多腺悬钩子（*Rubus phoenicolasius*）

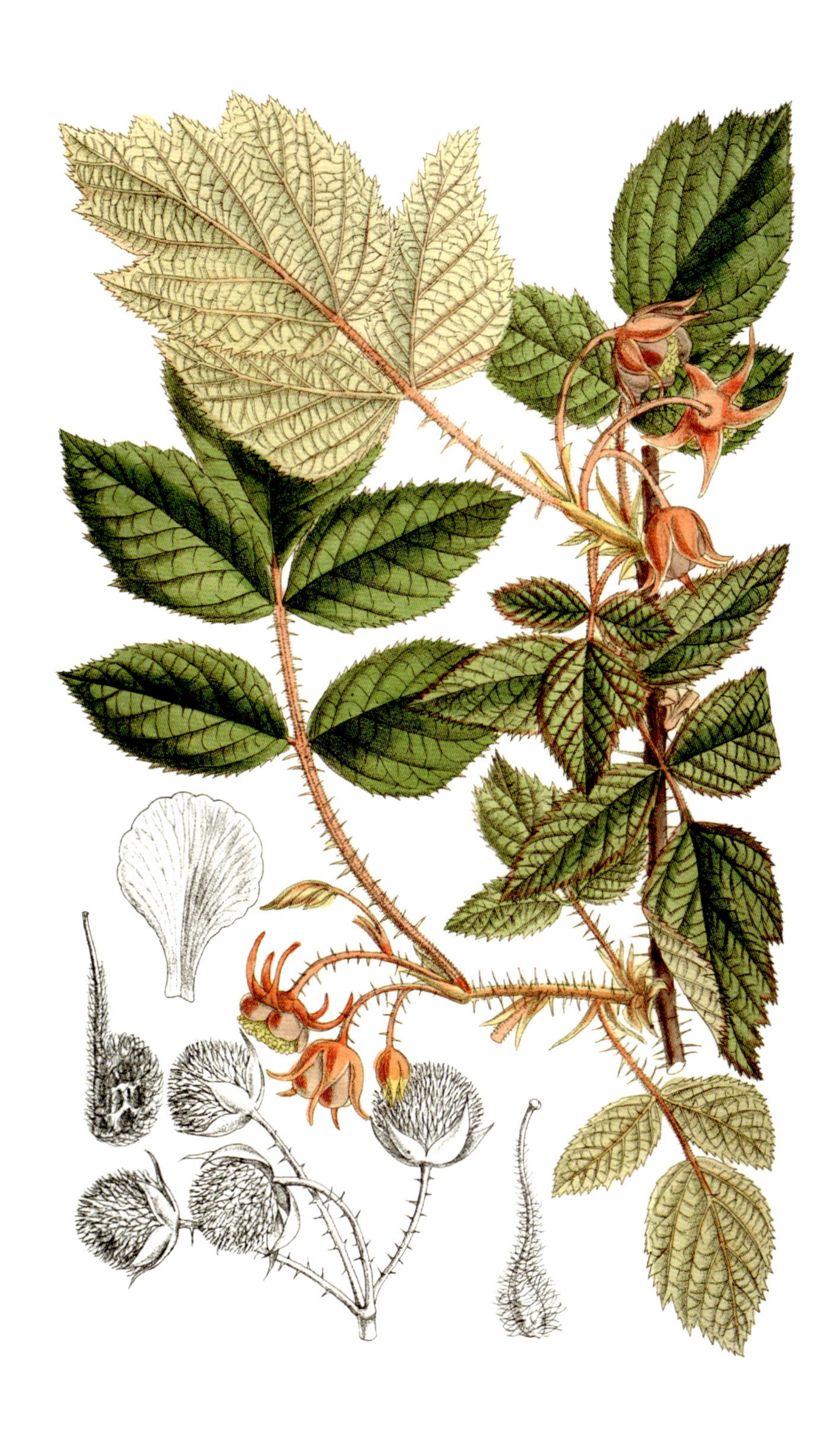

蔷薇科 悬钩子属 绵果悬钩子（*Rubus lasiostylus*）

蔷薇科 悬钩子属 锈毛莓（*Rubus reflexus*）

蔷薇科 悬钩子属 掌叶覆盆子（*Rubus chingii*）

蔷薇科 悬钩子属 匍枝悬钩子（*Rubus flagellaris*）

蔷薇科 悬钩子属 三花悬钩子（*Rubus trianthus*）

蔷薇科 雪棠属 雪棠（*Neviusia alabamensis*）

蔷薇科 栒子属 多花粉叶栒子（*Cotoneaster glaucophyllus var. serotinus*）

蔷薇科 栒子属 圆叶栒子（*Cotoneaster rotundifolius*）

蔷薇科 栒子属 宝兴栒子（*Cotoneaster moupinensis*）

蔷薇科 栒子属 西南栒子（*Cotoneaster franchetii*）

蔷薇科 栒子属 陀螺果栒子（*Cotoneaster turbinatus*）

蔷薇科 栒子属 毡毛栒子（*Cotoneaster pannosus* ）

蔷薇科 栒子属 柳叶栒子（*Cotoneaster salicifolius*）

8. 忍冬科

Caprifoliaceae

灌木或小乔木或木质藤本，落叶或常绿，稀为多年生草本。茎干有皮孔或否，有时纵裂。叶对生，稀轮生，多为单叶，全缘、具齿或有时羽状或掌状分裂；叶柄短，有时两叶柄基部连合。聚伞或轮伞花序，有时因聚伞花序中央的花退化而仅具2朵花，极少花单生。花两性，整齐或不整齐；萼筒贴生于子房，萼裂片宿存或脱落，较少于花开后增大；花冠合瓣，稀两唇形；雄蕊着生于花冠筒，内藏或伸出；子房下位。果实为浆果、核果或蒴果，具1至多数种子；种子具骨质外种皮，平滑或有槽纹。

13属，约500种，主要分布于北温带和热带高海拔山地，东亚和北美东部种类最多，个别属分布在大洋洲和南美洲。中国有12属，200余种，其中特产3属，主要分布于华中和西南各省、区。

本科以盛产观赏植物著称，荚蒾属、忍冬属、六道木属和锦带花属等都是应用广泛的庭园观赏花木；忍冬属和接骨木属的一些种是我国传统中药材；接骨木属的果实可以酿酒。

忍冬科 荚蒾属 桦叶荚蒾 （*Viburnum betulifolium*）

忍冬科 荚蒾属 红蕾荚蒾 （*Viburnum carlesii*）

忍冬科 荚蒾属 烟管荚蒾 （*Viburnum utile*）

忍冬科 荚蒾属 巴东荚蒾 （*Viburnum henryi*）

忍冬科 双六道木属 温州双六道木 （*Diabelia spathulata* ）

忍冬科 糯米条属 蓪梗花 （*Abelia parvifolia*）

忍冬科 忍冬属 沼生忍冬 （*Lonicera albertii*）

忍冬科 忍冬属 刚毛忍冬 （*Lonicera hispida*）

忍冬科 忍冬属 新疆忍冬 （*Lonicera tatarica*）

忍冬科 忍冬属 岩生忍冬 （*Lonicera rupicola*）

忍冬科 忍冬属 毛花忍冬 （*Lonicera trichosantha*）

忍冬科 忍冬属 郁香忍冬 （*Lonicera fragrantissima*）

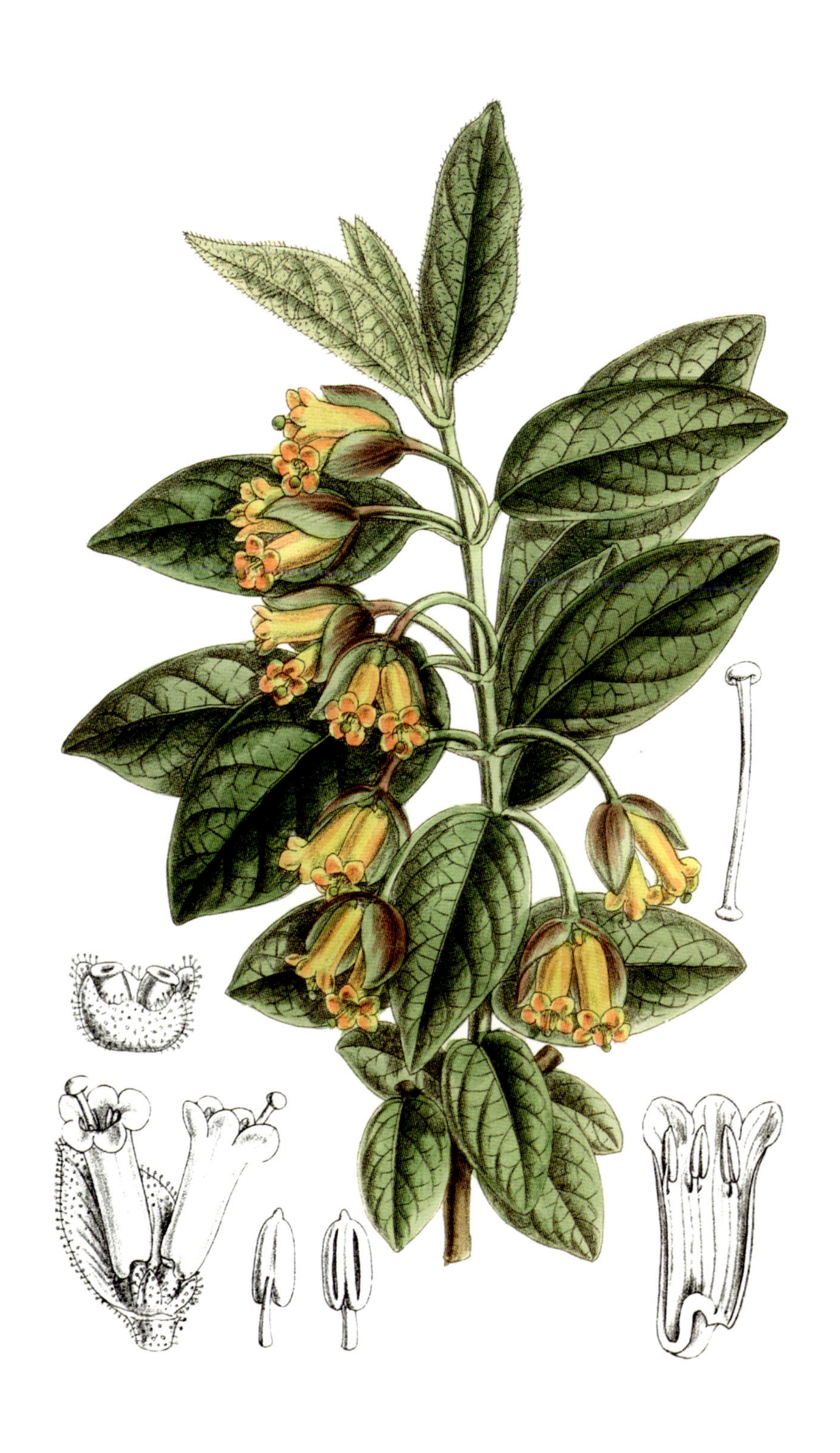

忍冬科 忍冬属 红苞忍冬 （*Lonicera involucrata*）

忍冬科 双盾木属 双盾木 （*Dipelta floribunda*）

忍冬科 双盾木属 云南双盾木 （*Dipelta yunnanensis*）

忍冬科 猬实属 猬实 （*Kolkwitzia amabilis*）

9. 瑞香科

Thymelaeaceae

落叶或常绿灌木或小乔木，稀草本；茎通常具韧皮纤维。单叶互生或对生，革质或纸质，全缘，基部具关节。花辐射对称，两性或单性，雌雄同株或异株，头状、穗状、总状、圆锥或伞形花序，有时单生或簇生；花萼通常为花冠状，常合生，外被毛或无毛，裂片4～5枚；花瓣缺，或鳞片状；雄蕊通常为萼裂片的2倍或同数；子房上位，心皮2～5个合生。浆果、核果或坚果，稀为2瓣开裂的蒴果，果皮膜质、革质、木质或肉质；种子下垂或倒生。

约48属，650种，世界广布。中国有9属，115种，其中特产89种。

本科有许多种是很好的园艺观赏植物；也有一些种类韧皮纤维发达而强韧、细柔，是最好的野生纤维植物；有的种木材芳香，可用作为薰香料，树脂入药，如沉香为珍贵药材；还有些种类的种子可作榨油原料。

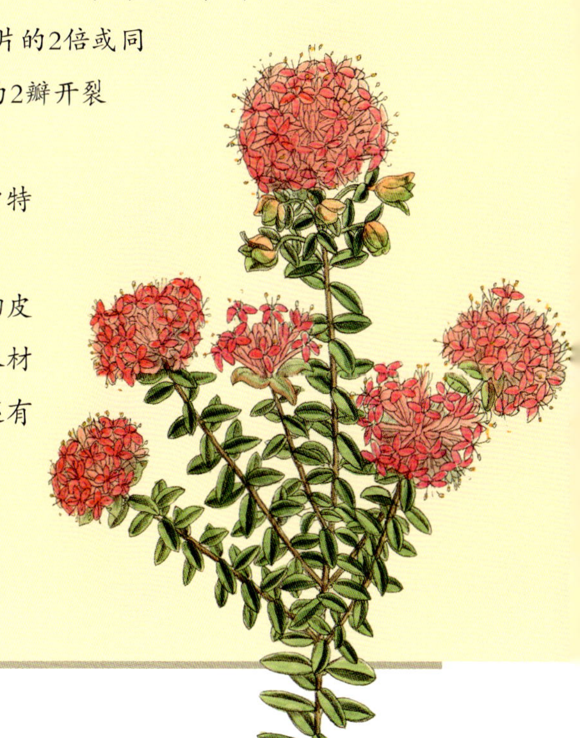

瑞香科 米瑞香属 米瑞香 （*Pimelea ferruginea*）

瑞香科 皇冠果属 八蕊皇冠果 （*Phaleria octandra*）

瑞香科 结香属 滇结香 （*Edgeworthia gardneri*）

瑞香科 瑞香属 黄瑞香 （*Daphne giraldii*）

瑞香科 瑞香属 巴氏瑞香 （*Daphne blagayana*）

10. 桑科

Moraceae

乔木或灌木，藤本，稀为草本，通常具乳汁，有刺或无刺。叶互生，全缘或具锯齿，分裂或不分裂，叶脉掌状或羽状。花小，单性，雌雄同株或异株，无花瓣；花序腋生，典型成对，花序托有时肉质，增厚或封闭而为隐头花序或开张而为头状或圆柱。果为瘦果或核果，围以肉质变厚的花被，或藏于其内形成聚花果，或隐藏于壶形花序托内壁，形成隐花果，或陷入发达的花序轴内，形成大型的聚花果。种子包于内果皮中；种皮膜质或不存。

37～43属，1100～1400种，广布于热带和亚热带，温带地区少见。中国有9属，144种，其中特产26种。

本科植物具有十分重要的经济价值：有些果可供食用，如菠萝蜜、面包树、无花果、桑葚等，都是著名的热带水果；有的种类产橡胶，如印度榕；桑属及构属的树皮可以造纸；大麻的茎皮纤维为重要纺织原料；桑属的嫩叶可以饲养蚕；有些种类的木材可以用于制作乐器或家具、农具等；榕属植物为中国南方省区常见的行道树。

桑科 琉桑属 臭琉桑 （*Dorstenia foetida*）

桑科 榕属 天仙果 （*Ficus erecta*）

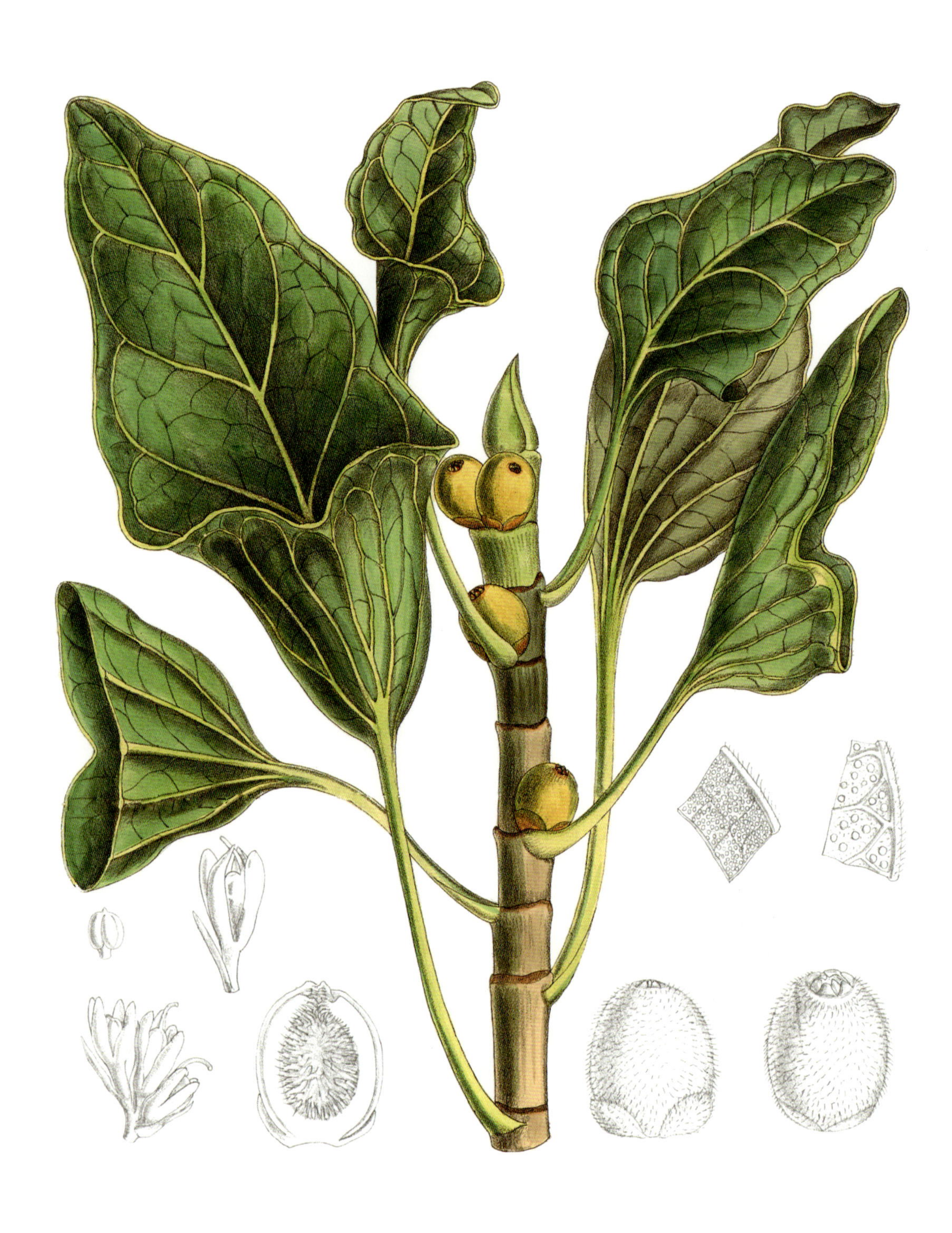

桑科 榕属 孟加拉榕 （*Ficus benghalensis*）

11. 山茶科

Theaceae

乔木或灌木。叶革质，常绿，互生，全缘或有锯齿。花两性，稀雌雄异株，单生或数花簇生，苞片2至多片，宿存或脱落，或苞萼不分逐渐过渡；萼片5至多片，脱落或宿存，有时向花瓣过渡；花瓣5至多片，基部连生；雄蕊多数，排成多列，花丝分离或基部合生，子房上位，2～10室；花柱分离或连合，柱头与心皮同数。果为蒴果，或不分裂的核果及浆果状，种子有时具翅。

约19属，600种，分布在热带和亚热带的非洲、美洲和亚洲以及太平洋群岛。中国有12属，274种，其中特产2属、204种。

本科植物具有重要的经济价值：茶为世界三大饮料之一；有些种类种子含油量很高，供食用及作为工业原料；不少种类具有瑰丽的花朵，是国际上著名的观赏花木，尤以具黄花的金花茶组植物最引人注目；有些乔木木材供建筑及造船用。

山茶科 红淡比属 红淡比 （*Cleyera japonica*）

山茶科 紫茎属 紫茎 （*Stewartia sinensis*）

12. 山龙眼科

Proteaceae

乔木或灌木，稀为多年生草本。叶互生，全缘或各式分裂。花两性，稀单性，辐射对称或两侧对称，排成总状、穗状或头状花序，腋生或顶生，有时生于茎上；苞片小，通常早落，有时花后增大变木质，组成球果状；花被片4枚，花蕾时花被管细长，开花时分离或花被管一侧开裂；雄蕊4枚，着生花被片上；心皮1枚，子房上位，1室，花柱细长，不分裂，顶部增粗。蓇葖果、坚果、核果或蒴果。种子1～2颗或多颗，有的具翅。

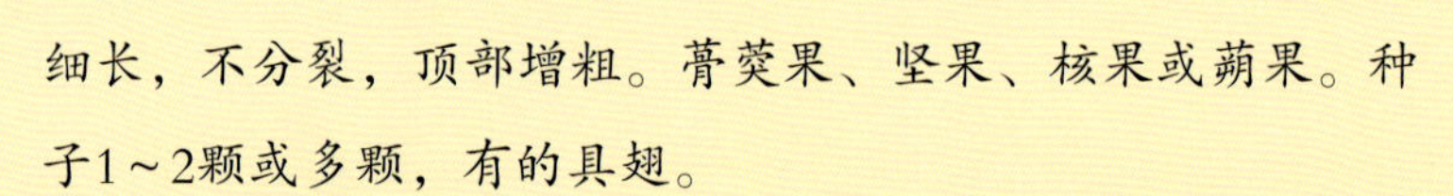

约80属，1700种，主要分布在热带、亚热带，尤其是南非和澳大利亚。中国有3属，25种，其中特产12种。

本科一些种类在中国南亚热带常绿阔叶林中较常见，并产优质木材，如调羹树适宜做家具，小果山龙眼、网脉山龙眼等适宜做农具柄；有些种类的种子可食用；银桦是城镇绿化树种，帝王花属是很受欢迎的观赏花卉。

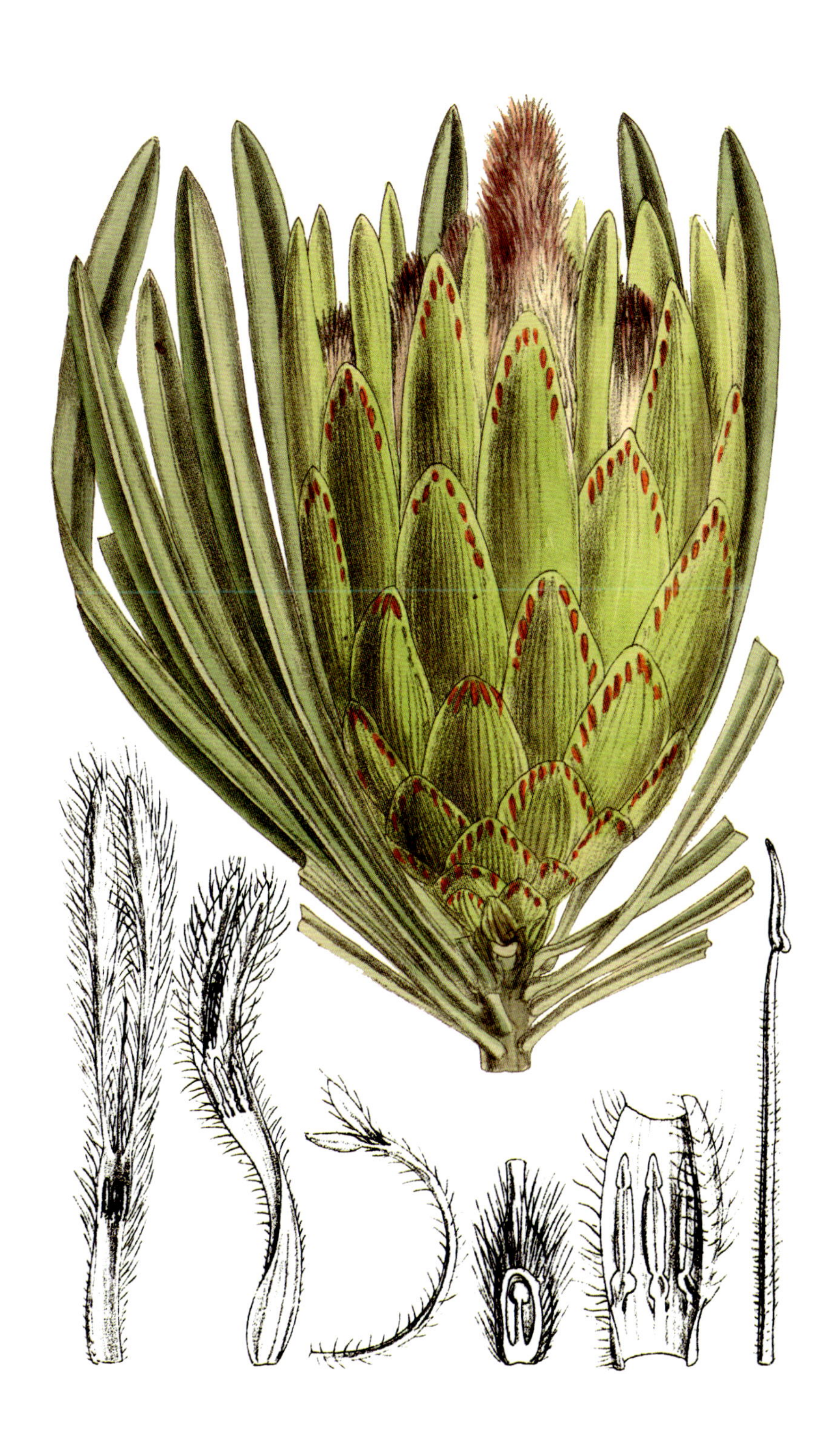

山龙眼科 帝王花属 长叶帝王花 （*Protea longifolia*）

山龙眼科 蒂罗花属 山蒂罗花 （*Telopea oreades*）

山龙眼科 扭瓣花属 锈色扭瓣花 （*Lomatia ferruginea*）

山龙眼科 荣桦属 桂叶荣桦 （*Hakea laurina*）

山龙眼科 银桦属 深红银桦 （*Grevillea punicea*）

山龙眼科 银桦属 铁角蕨叶银桦 （*Grevillea aspleniifolia*）

13. 山茱萸科

Cornaceae

落叶乔木或灌木，稀常绿或草本。单叶对生，通常叶脉羽状，稀为掌状，边缘全缘或有锯齿；无托叶或托叶纤毛状。花两性或单性异株，排成花序，有苞片；花3～5数；花萼管状与子房合生；雄蕊与花瓣同数而与之互生，生于花盘基部；子房下位，1～4（5）室，花柱短，柱头头状或截形，有时分裂。核果或浆果状核果；核骨质，稀木质；种子1～4（5）枚，种皮膜质或薄革质。

1属，约55种。广布于温带北部至热带，其中非洲产1种，南美洲产2种。中国有25种，其中特产14种。

本科植物的木材坚硬，为良好的农具用材；少数种类的果实可榨油供食用或工业用；另有一些种类可作药用或庭园观赏用。

山茱萸科 山茱萸属 日本四照花 （*Cornus kousa*）

山茱萸科 山茱萸属 狗木 （*Cornus florida*）

山茱萸科 山茱萸属 太平洋狗木 （*Cornus nuttallii*）

山茱萸科 山茱萸属 灯台树 （*Cornus controversa*）

14. 松科

Pinaceae

常绿或落叶乔木，稀为灌木状；枝常有长短枝之分。叶条形或针形，基部不下延生长；条形叶扁平，在长枝上螺旋状散生，在短枝上簇生；针形叶2～5针成一束，着生于极度退化的短枝顶端，基部包有叶鞘。花单性，雌雄同株；雄球花腋生或单生枝顶，或多数集生于短枝顶端；雌球花由多数螺旋状着生的珠鳞与苞鳞所组成，花后珠鳞增大发育成种鳞。球果当年或次年成熟，熟时张开；种鳞背腹面扁平，木质或革质，宿存或熟后脱落；苞鳞与种鳞离生（仅基部合生）。

10～11属，约235种，绝大部分在北半球。中国有10属，108种，其中特产2属、43种。

本科植物几乎均系高大乔木，绝大多数是森林树种及用材树种，在中国东北、华北、西北、西南及华南地区高山地带组成广大森林，亦为森林更新、造林的重要树种；有些种类可供采脂、提炼松节油等多种化工原料；有些种类的种子可食或供药用；有些种类可作园林绿化树种。

松科 金钱松属 金钱松 （*Pseudolarix amabilis*）

松科 冷杉属 神圣冷杉 （*Abies religiosa*）

松科 冷杉属 高加索冷杉 （*Abies nordmanniana*）

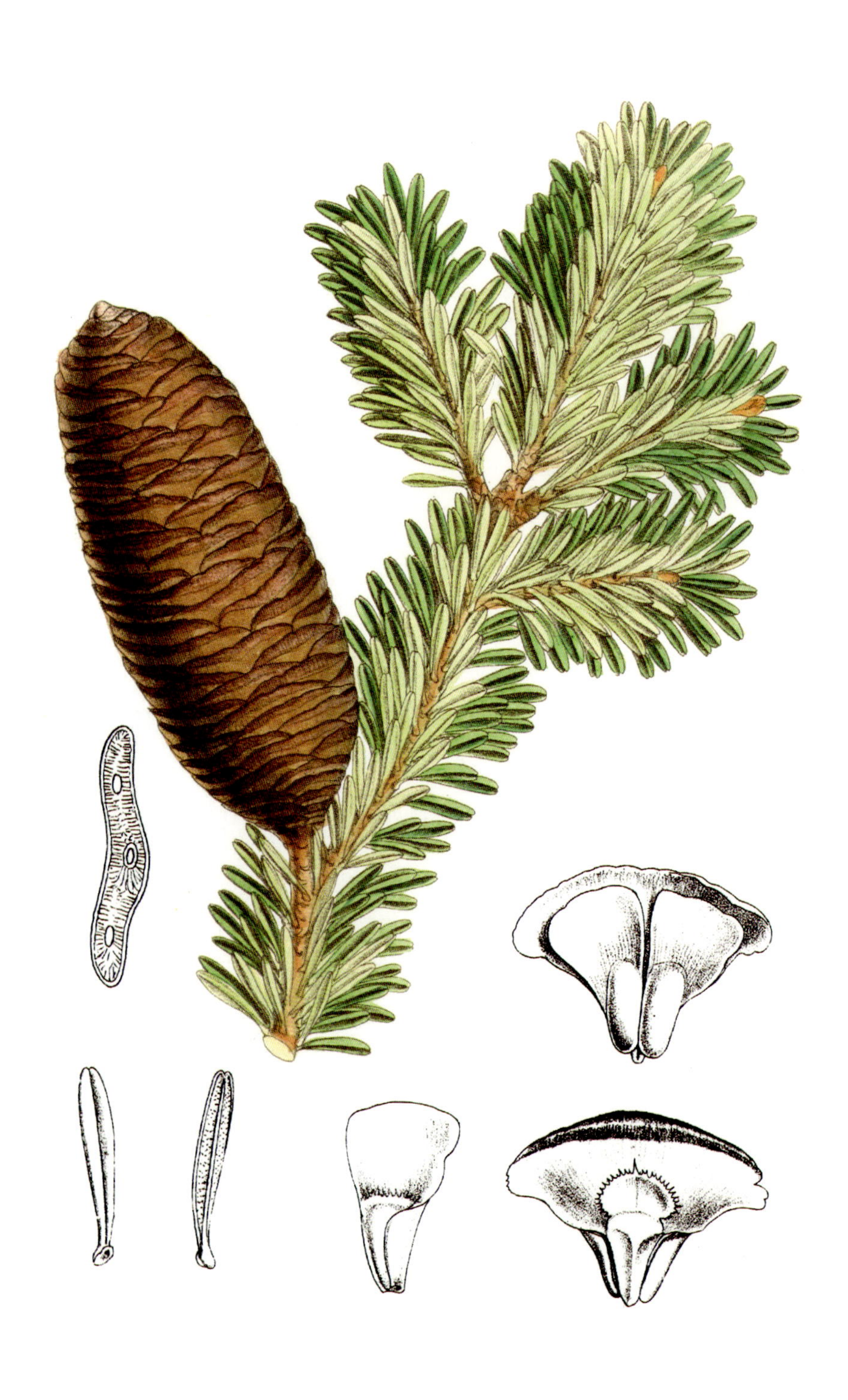

松科 冷杉属 日光冷杉 （*Abies homolepis*）

松科 冷杉属 希腊冷杉 （*Abies cephalonica*）

松科 冷杉属 大白叶冷杉 （*Abies mariesii*）

松科 落叶松属 藏红杉 （*Larix griffithii*）

松科 落叶松属 西美落叶松 （*Larix occidentalis*）

松科 松属 白皮松 （*Pinus bungeana*）

松科 松属 华山松 （*Pinus armandii*）

松科 松属 软叶五针松 （*Pinus flexilis*）

松科 松属 瘤果松 （*Pinus attenuata*）

松科 云杉属 西藏云杉 （*Picea spinulosa*）

15. 桃金娘科

Myrtaceae

乔木或灌木。单叶对生或互生，具羽状脉或基出脉，全缘，常有油腺点。花两性，有时杂性，单生或排成各式花序；萼管与子房合生，萼片4～5或更多；花瓣4～5，有时不存在，分离或连合成帽状；雄蕊多数，很少是定数，插生于花盘边缘，花丝分离或联合或成束；子房下位或半下位，心皮2至多个。蒴果、浆果、核果或坚果，有时具分核，顶端常有突起的萼檐；种子1至多个，种皮坚硬或薄膜质。

约130属，4500～5000种，分布在地中海区域、非洲撒哈拉沙漠以南地带、马达加斯加、亚洲热带和温带、澳大利亚、太平洋群岛、南美洲等地。中国有10属，121种，其中特产50种。

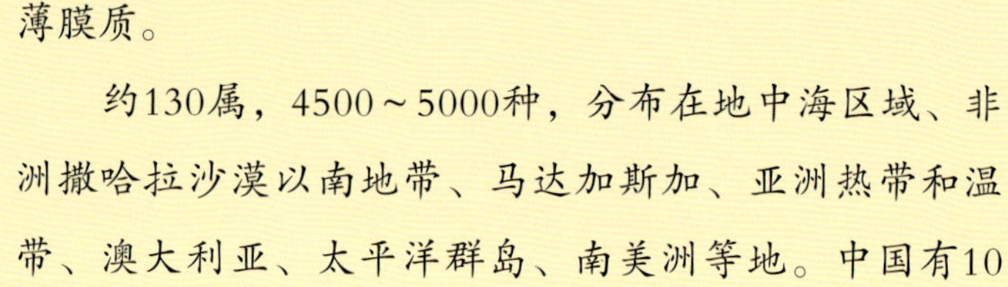

本科植物有些是高大乔木，是重要的木材资源；大多数种类的叶子含有挥发性芳香油，是工业及医药的重要原料；还有一些是观赏花木，如白千层、红千层；另有一些是优良的热带水果，如番石榴、洋蒲桃（莲雾）。

桃金娘科 桉属 异心叶桉 （*Eucalyptus cordata*）

桃金娘科 番樱桃属 红果仔 （*Eugenia uniflora*）

桃金娘科 金桃柳属 月桂状金桃柳 （*Tristania laurina* ）

桃金娘科 铁心木属 银叶铁心木 （*Metrosideros collina*）

16. 夹竹桃科

Apocynaceae

乔木、直立灌木或木质藤木，也有多年生草本；具乳汁或水液。单叶对生、轮生，稀互生，全缘；通常无托叶或退化成腺体。花两性，辐射对称，单生或多组成聚伞花序；萼片5枚，基部合生成筒状或钟状，内面常有腺体；花冠合瓣，高脚碟状、漏斗状、坛状、钟状、盆状，稀辐状，裂片5枚，喉部常有副花冠或鳞片或膜质或毛状附属体；雄蕊5枚，着生在花冠筒上或花冠喉部；子房上位。果为浆果、核果、蒴果或蓇葖；种子通常一端被毛。

约155属，2000种，主要分布在热带和亚热带，温带地区极少见。中国有44属，145种，其中特产1属、38种，近95%种类分布于华南、西南地区。

本科植物含有多种类型的生物碱，为重要的药物原料，农业上用于杀虫防治；有些植物含有胶乳，如花皮胶藤属、杜仲藤属、鹿角藤属等，为一种野生橡胶植物，可提制一般日用橡胶制品；罗布麻属、白麻属等，其茎皮纤维坚韧，是纺织、造纸及国防工业重要原料；不少植物还被用于园林观赏中，如夹竹桃、黄花夹竹桃、鸡蛋花、飘香藤属、长春花属等。

夹竹桃科 鹿角藤属 大叶鹿角藤 （*Chonemorpha fragrans*）

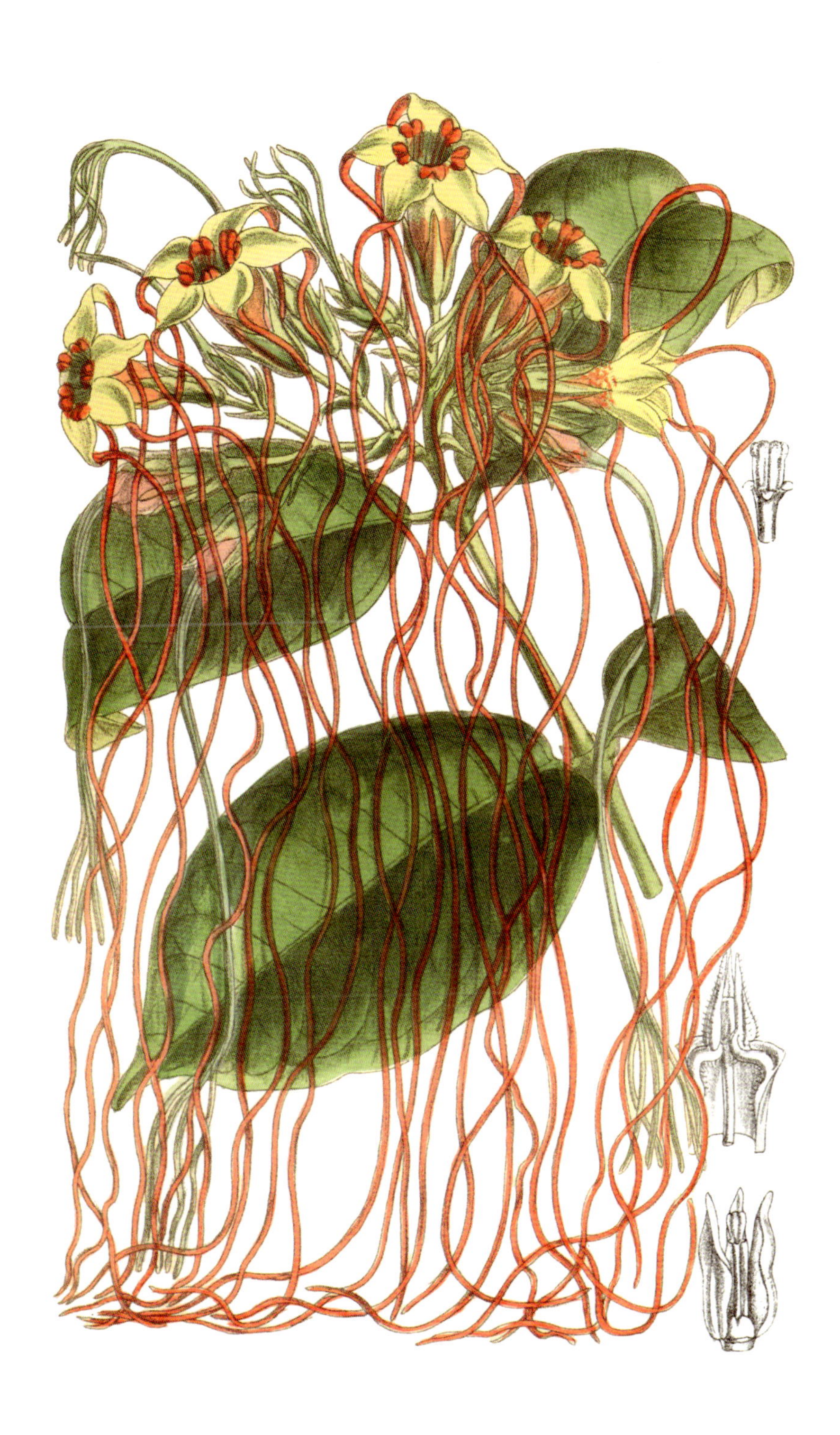

夹竹桃科 羊角拗属 垂丝羊角拗 （*Strophanthus preussii*）

17. 卫矛科

Celastraceae

常绿或落叶乔木、灌木或藤本灌木及匍匐小灌木。单叶对生或互生，少为三叶轮生。花两性或退化为功能性不育的单性花，杂性同株；聚伞花序具有较小的苞片和小苞片；花4～5数，花部同数或心皮减数，花萼花冠分化明显，花萼基部通常与花盘合生，花冠具4～5分离花瓣，常具明显肥厚花盘，雄蕊着生花盘之上或之下，心皮2～5，合生，子房下部常与花盘合生。蒴果、核果、翅果或浆果。

约97属，1194种，主要分布在热带、亚热带，少数种在温带。中国有14属，192种，其中特产1属、120种。

本科许多种类的树皮中都富含橡胶及硬橡胶；南蛇藤属的高级纤维，可为人造棉及其他纤维工业提供优质原料；美登木属、卫矛属、南蛇藤属、雷公藤属等的某些种类是用于研究抗癌药物的重要资源；有些种类是良好的绿化植物，如冬青卫矛、扶芳藤。

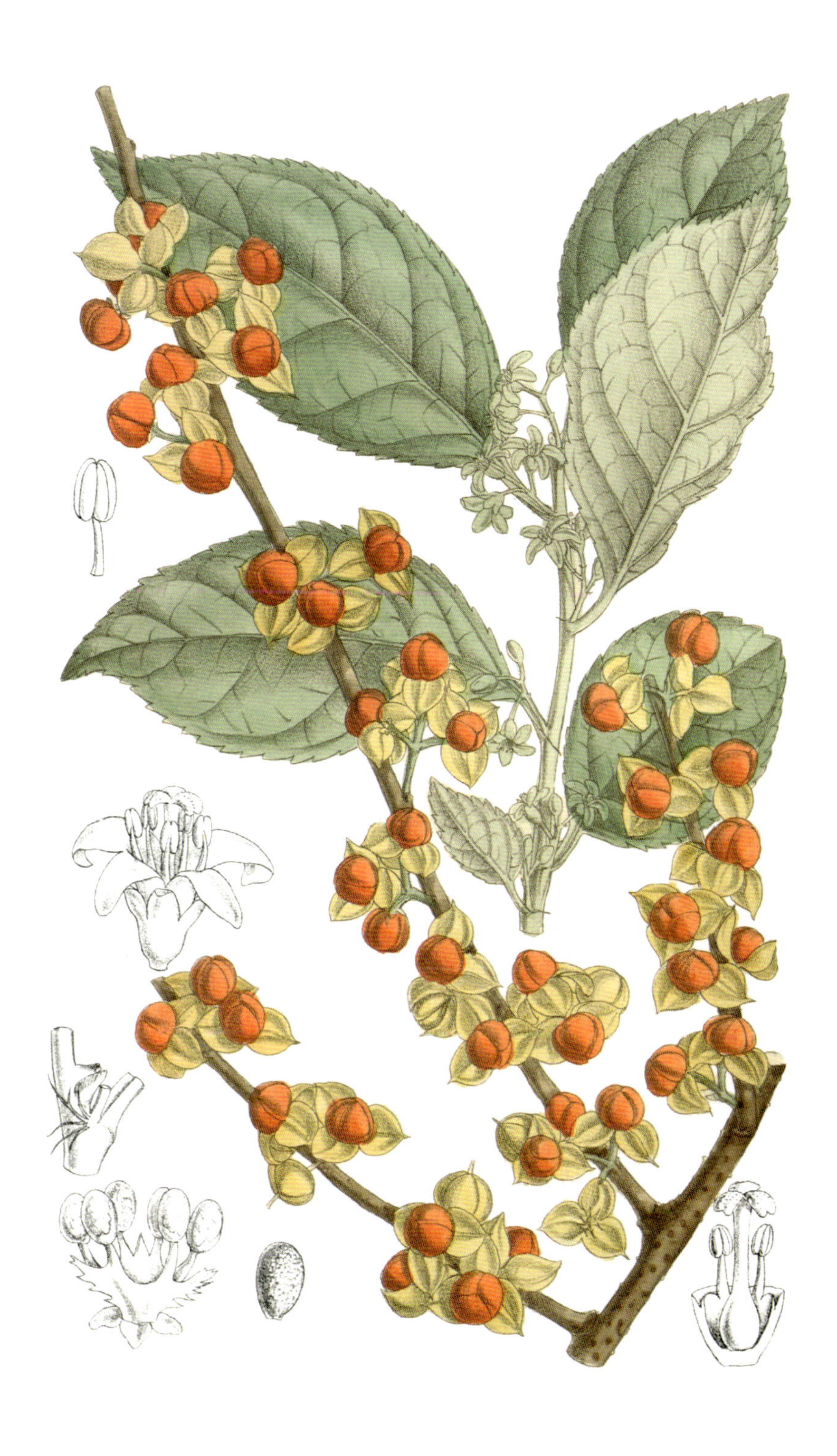

卫矛科 南蛇藤属 南蛇藤 （*Celastrus orbiculatus*）

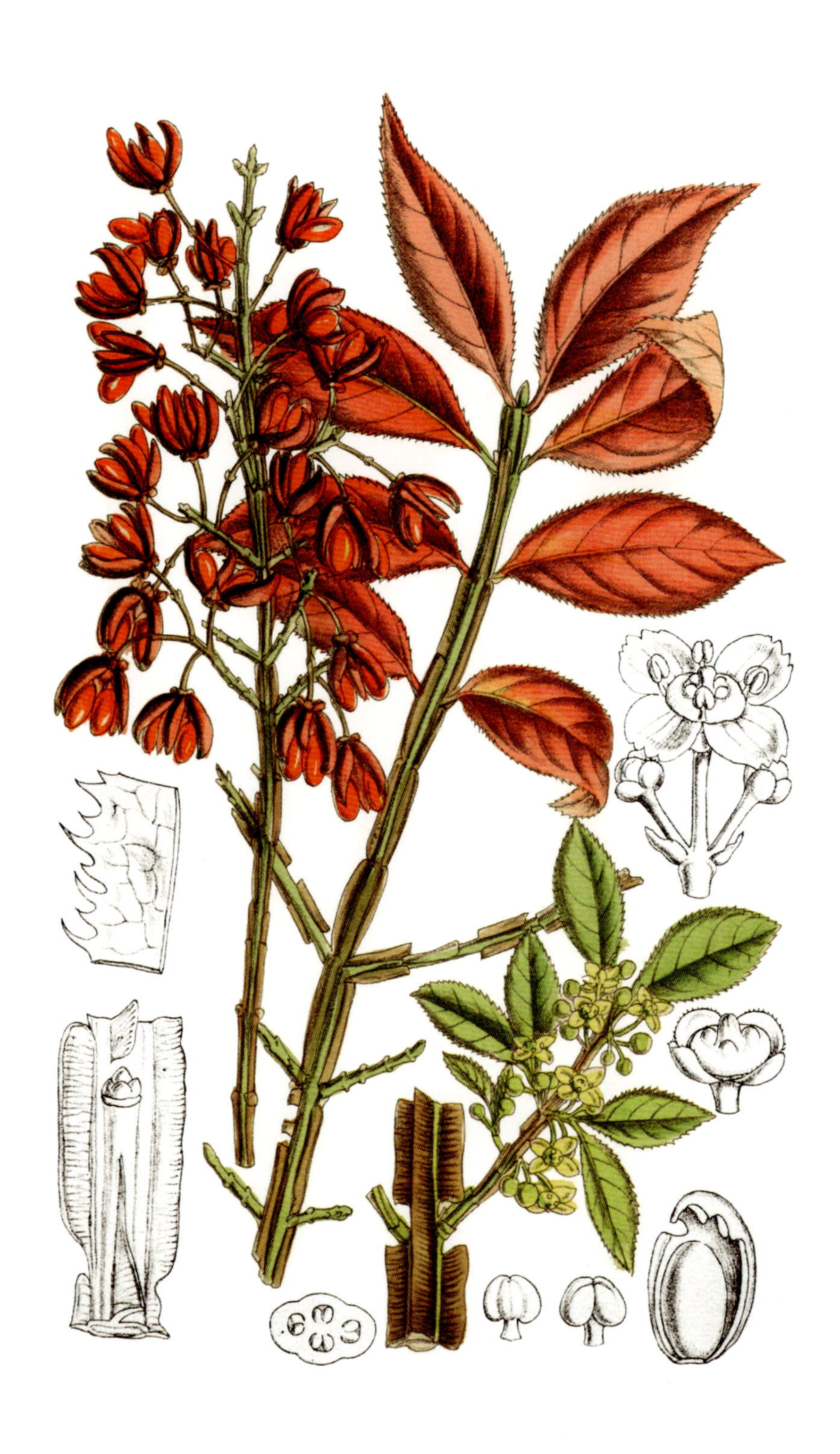

卫矛科 卫矛属 卫矛 （*Euonymus alatus*）

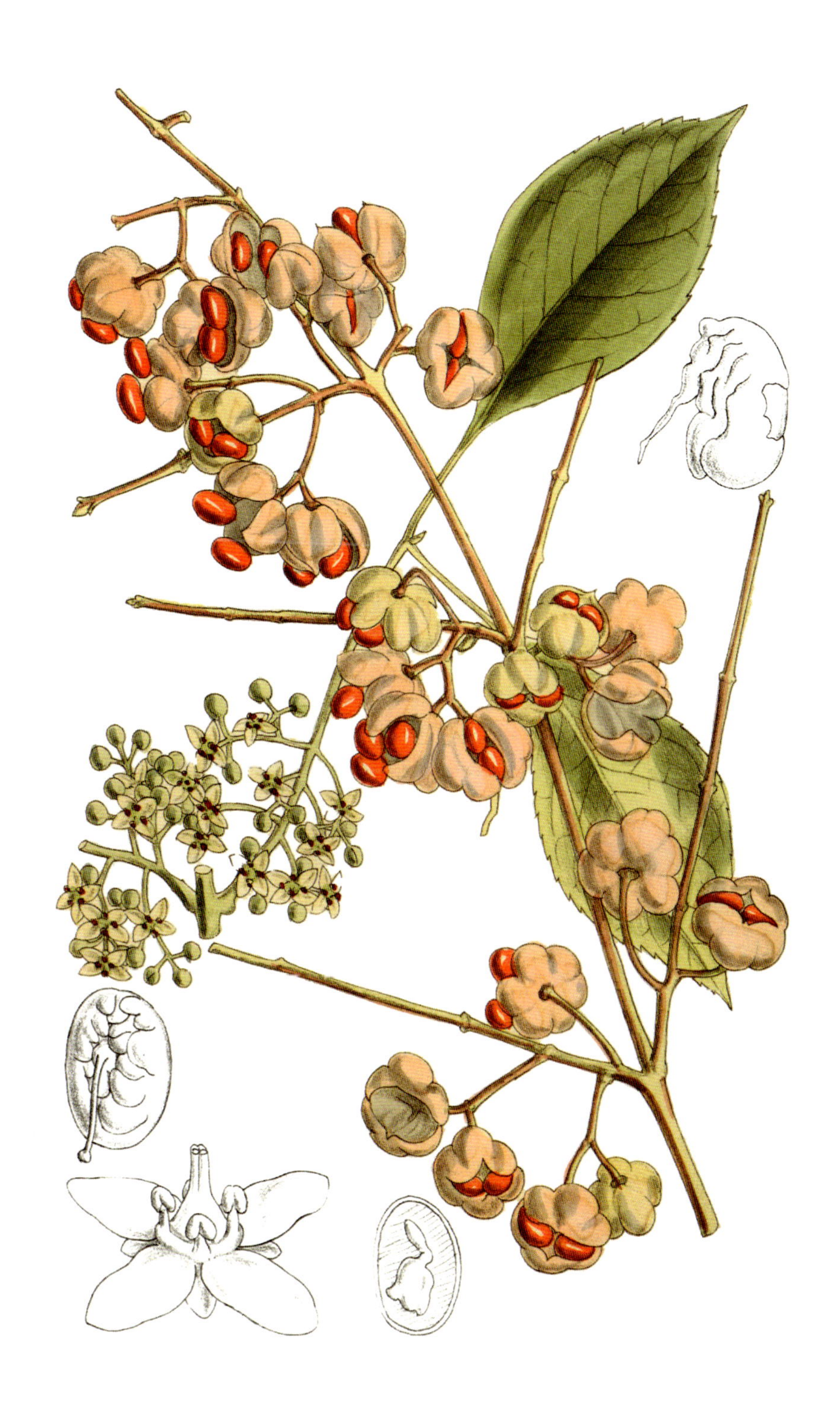

卫矛科 卫矛属 白杜 （*Euonymus maackii*）

18. 梧桐科

Sterculiaceae

落叶或常绿乔木、灌木或者攀援的藤本。单叶对生或者互生；托叶很小，经常早脱落。花两性，有的时候单性花，辐射对称，通常是淡绿色，排列成聚伞花序或者圆锥花序，有的时候单生、顶生或者腋生。宿存萼片4～5个，花瓣4～5个，少数没有花瓣。雄蕊与花瓣同数，少数的更多一些，生长在花盘的边缘或者下部。花药2室，纵裂。花盘肉质，全缘或者分裂。子房上位，与花盘分离或者贴生，1～5室，每室有1～2个胚珠，生长在室的内上角。蒴果、浆果、核果或者翅果。种子通常有假种皮，子叶叶状，胚乳很丰富。

约68属，1100种，分布在热带、亚热带，少数种类在温带。中国有19属，90种，其中特产39种。

本科植物的茎皮富含纤维，可作织麻袋、编绳和造纸的原料，还可用以织布和混纺棉花；可可是世界有名的饮料植物，它的种子是做可可粉和巧克力糖的原料；苹婆、香苹婆等的种子可供食用；有些种类是良好的观赏植物，如午时花、梧桐；绒毛苹婆可割取梧桐胶，梧桐胶可用于食品、纺织、医药、香烟等工业。半枫荷、山芝麻、火索麻等可供药用。梧桐、云南梧桐等的木材轻软，是做乐器的良材。

梧桐科 银叶树属 长柄银叶树 （*Heritiera macrophylla*）

19. 五加科

Araliaceae

乔木、灌木或木质藤本，稀多年生草本，有刺或无刺。叶互生，稀轮生，单叶、掌状复叶或羽状复叶；托叶通常与叶柄基部合生成鞘状。花整齐，两性或杂性，稀单性异株，通常组成圆锥状复花序；苞片宿存或早落；花梗无关节或有关节；萼筒与子房合生，边缘波状或有萼齿；花瓣5～10枚，通常离生；雄蕊着生于花盘边缘；花丝线形或舌状；子房下位，花柱不同程度离生；花盘上位，肉质。浆果或核果，外果皮通常肉质，内果皮骨质、膜质，或肉质而与外果皮不易区别。

约50属，1350种，广泛分布于热带、亚热带，温带地区种类少。中国有23属，180种，其中特产2属、82种。

本科植物有多方面的用途：许多种类是著名的中药材，如人参、三七、五加、通脱木、楤木、食用土当归等；有些种类的种子，如刺楸、刺五加等可榨油供制肥皂用；有些种类如刺楸、五加、食用土当归等的嫩叶可供蔬用；有些种类具美丽的树冠或枝叶，如幌伞枫、鹅掌柴、常春藤等常栽培供观赏用。

五加科 刺通草属 刺通草 （*Trevesia palmata*）

20. 杨柳科

Salicaceae

落叶乔木或直立、垫状和匍匐灌木。树皮光滑或开裂粗糙，通常味苦。单叶互生，不分裂或浅裂，全缘；托叶鳞片状或叶状，早落或宿存。花单性，雌雄异株；柔荑花序，直立或下垂，先叶开放，或与叶同时开放；花着生于苞片与花序轴间，苞片脱落或宿存；基部有杯状花盘或腺体；雄蕊2至多数；雌蕊由2～4（5）心皮合成，花柱不明显至很长，柱头2～4裂。蒴果2～4（5）瓣裂。种子微小，基部围有多数白色丝状长毛。

3属，约620种，主要分布在北半球，少数种类在南半球。中国有3属，347种，其中特产236种。

本科植物木材轻软，纤维细长，为中国北方重要防护林、用材林和绿化树种。

杨柳科 杨属 桦叶黑杨 （*Populus nigra* var. *betulifolia*）

杨柳科 杨属 大叶杨 （*Populus lasiocarpa*）

21. 豆科

Fabaceae / Leguminosae

乔木、灌木或草本，直立或攀援，常有固氮根瘤。叶常绿或落叶，通常互生，常为羽状复叶，少数为掌状复叶，或单叶；托叶有或无，有时叶状或变为棘刺。花两性，稀单性，辐射对称或两侧对称，通常排成总状花序、聚伞花序、穗状花序、头状花序或圆锥花序；花被2轮；萼片、花瓣分离或连合，有时构成蝶形花冠；雄蕊通常10枚，分离或连合成管，单体或二体雄蕊；雌蕊通常由单心皮组成，子房上位。荚果，形状各异，成熟后沿缝线开裂或不裂，或断裂成含单粒种子的荚节。

约650属，18000种，世界广布，木本类多集中在南半球和热带，草本类多分布在温带，大部分种类生活在地中海气候带。中国有167属，1673种，其中特产1属、690种。

本科具有极其重要的经济价值，是人类食品中淀粉、蛋白质、油和蔬菜的重要来源之一：大豆、花生、蚕豆、豌豆、绿豆、四季豆等是十分普遍的农作物；苜蓿、紫云英、田菁等根部常有固氮作用的根瘤，是优良的绿肥和饲料作物；供药用的植物有决明、甘草、黄芪、葛、苦参等；有些种类的茎皮常含单宁、树胶及染料，用于医药、印染及其他工业；绿化造林树种有台湾相思树、楹树、铁刀木、凤凰木、刺槐、槐、黄檀等；不少乔木的木材可供建筑、家具、农具等用。

豆科 羊蹄甲属 首冠藤 （*Bauhinia corymbosa*）

豆科 羊蹄甲属 洋紫荆 （*Bauhinia variegata*）

豆科 羊蹄甲属 白花洋紫荆 （*Bauhinia variegata* var. *candida*）

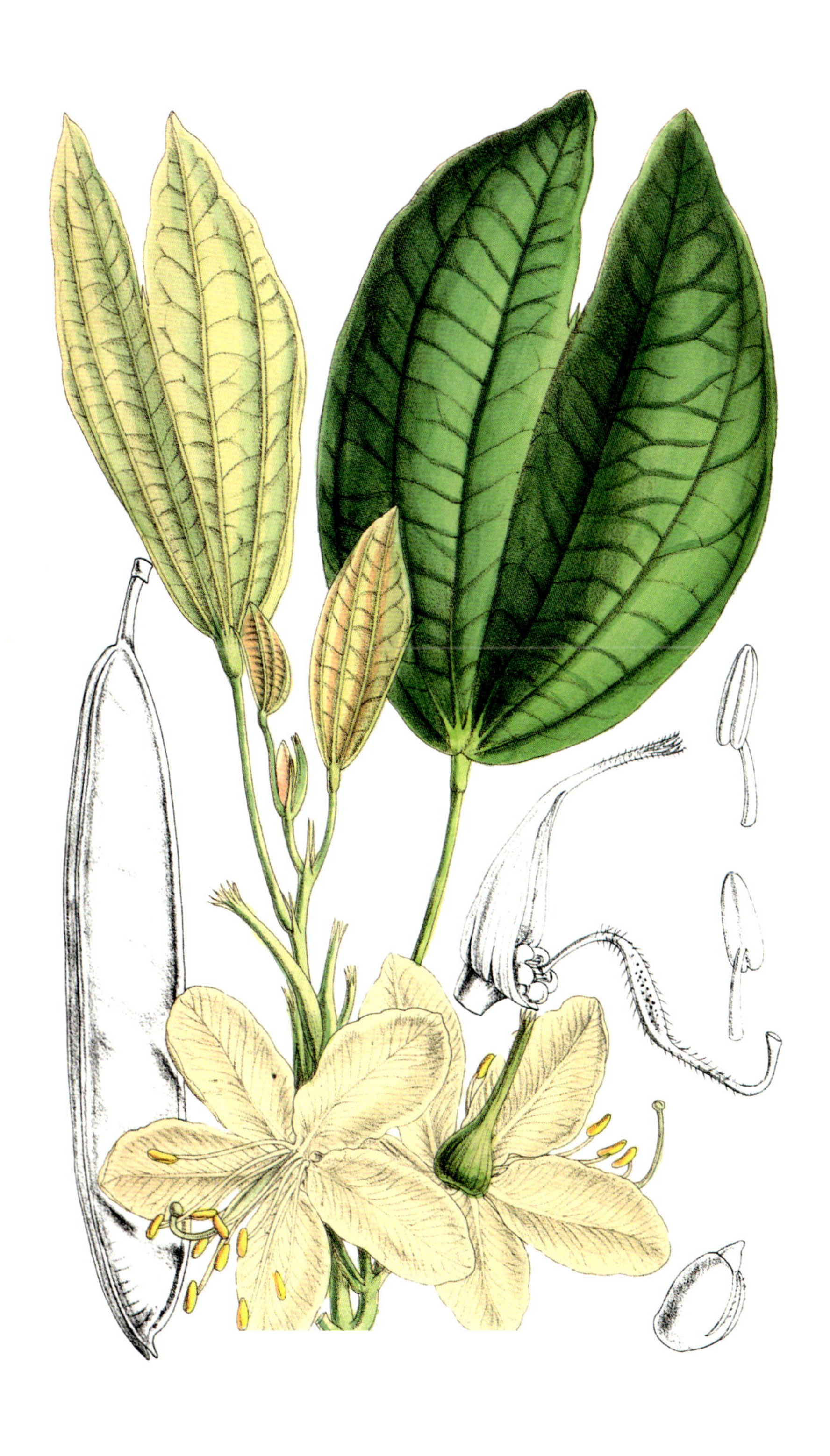

豆科 羊蹄甲属 白花羊蹄甲 （*Bauhinia acuminata*）

豆科 羊蹄甲属 云南羊蹄甲 （*Bauhinia yunnanensis*）

豆科 云实属 春云实 （*Caesalpinia vernalis*）

豆科 云实属 云实 （*Caesalpinia decapetala*）

豆科 刺槐属 淡红刺槐 （*Robinia neomexicana*）

豆科 刺槐属 毛刺槐 （*Robinia hispida*）

豆科 刺桐属 鸡冠刺桐 （*Erythrina crista-galli*）

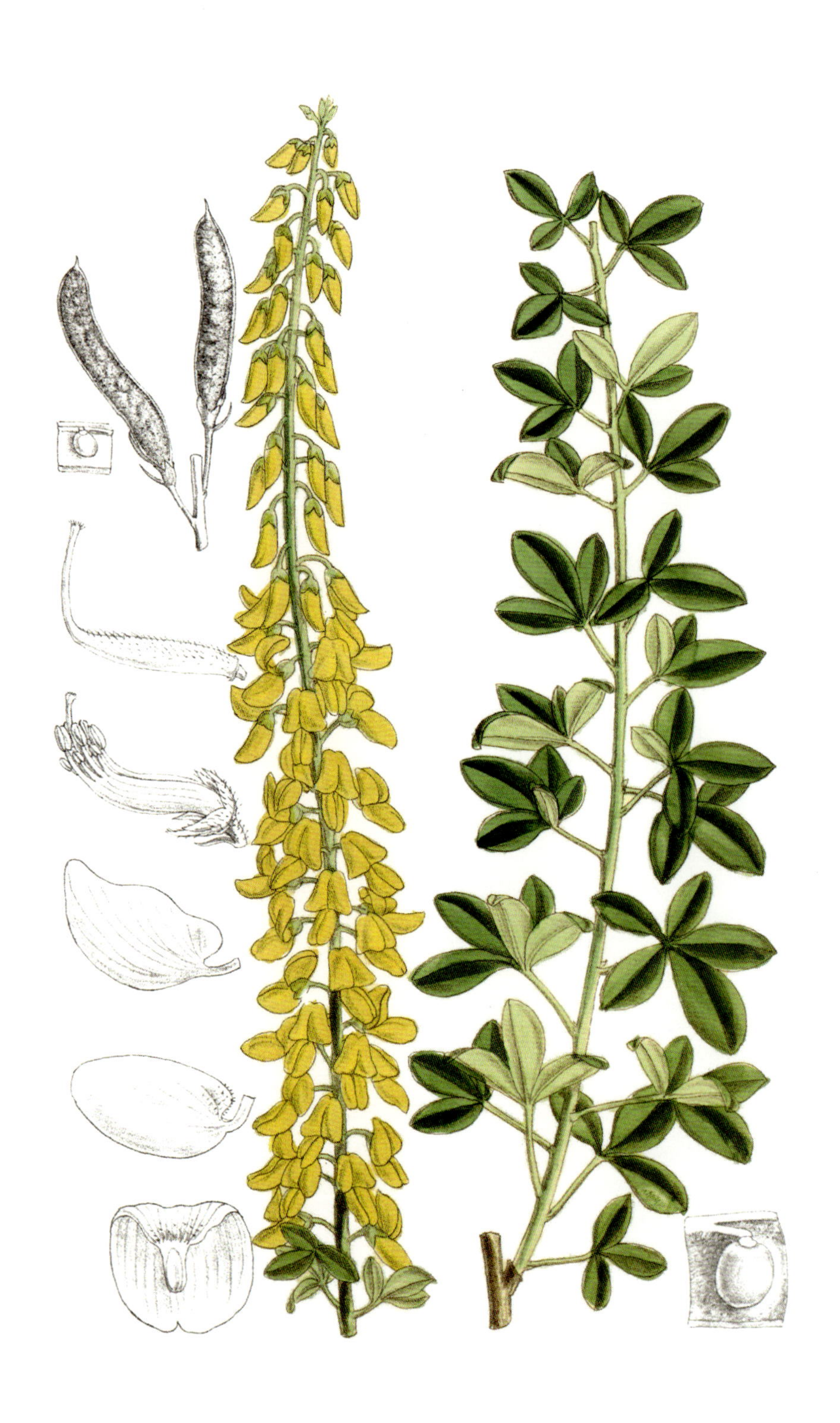

豆科 金雀儿属 变黑金雀儿 （*Cytisus nigricans*）

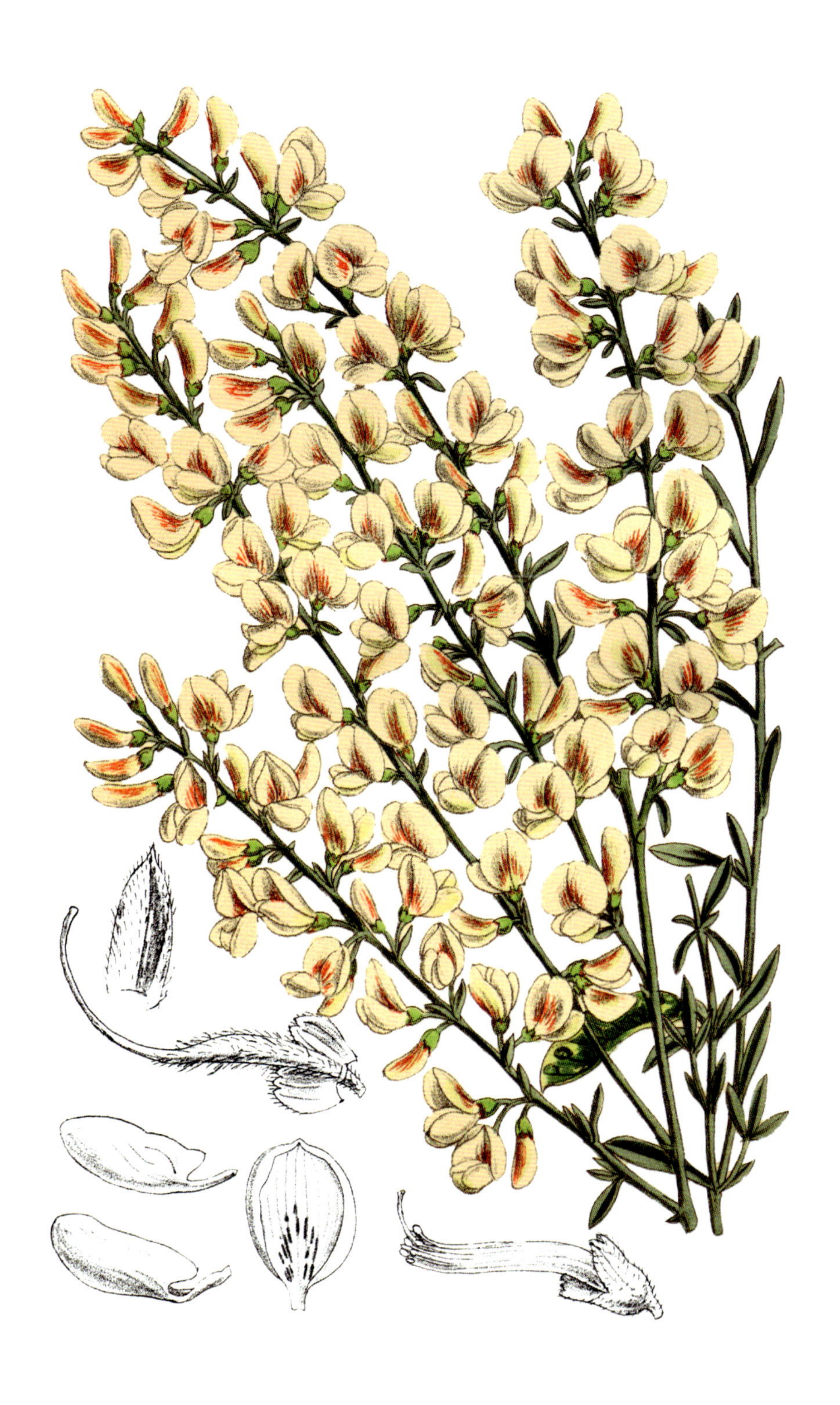

豆科 金雀儿属 繁花金雀儿 （*Cytisus multiflorus*）

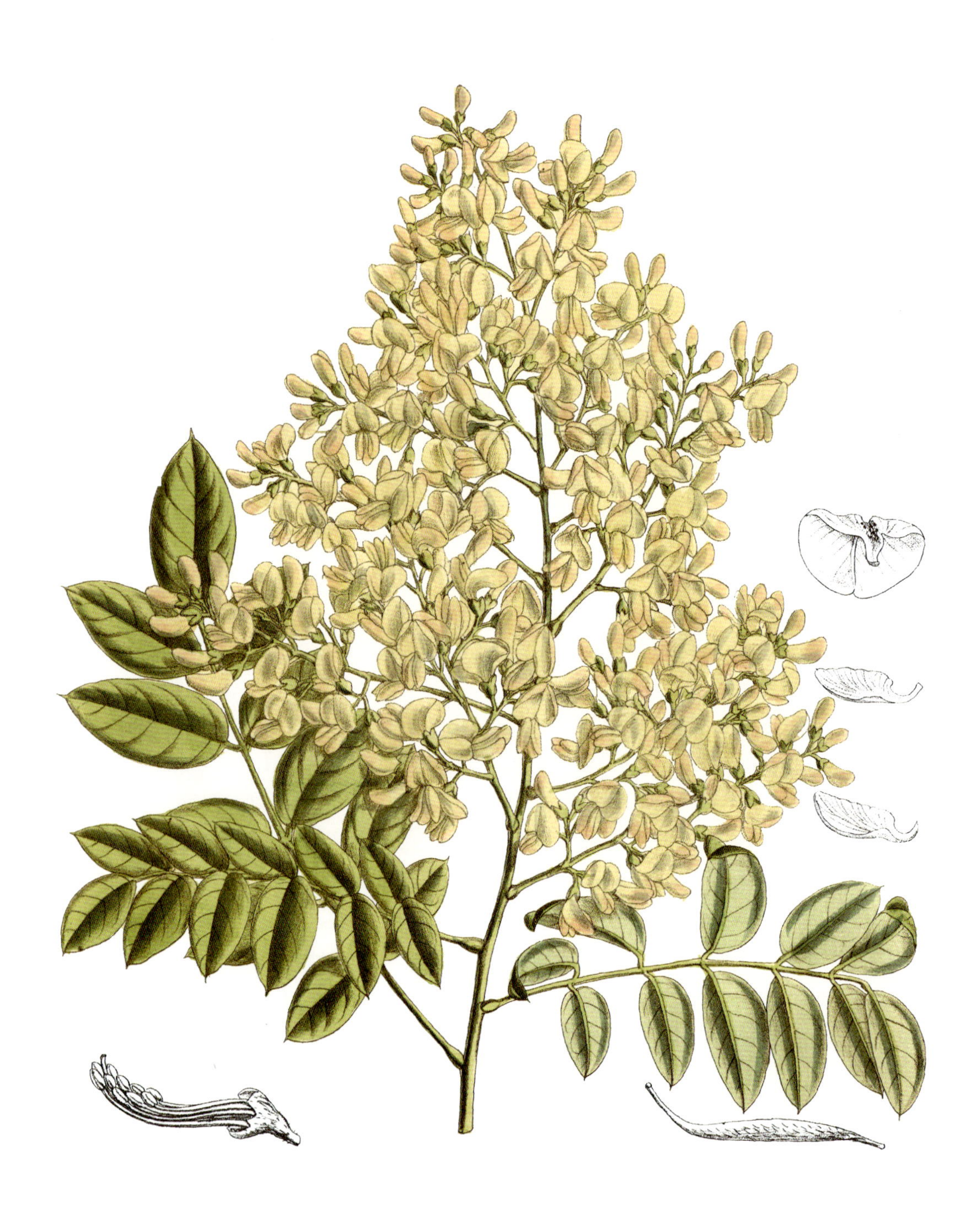

豆科 槐属 槐 （*Sophora japonica* ）

豆科 槐属 大果槐 （*Sophora macrocarpa*）

豆科 槐属 白刺花 （*Sophora davidii*）

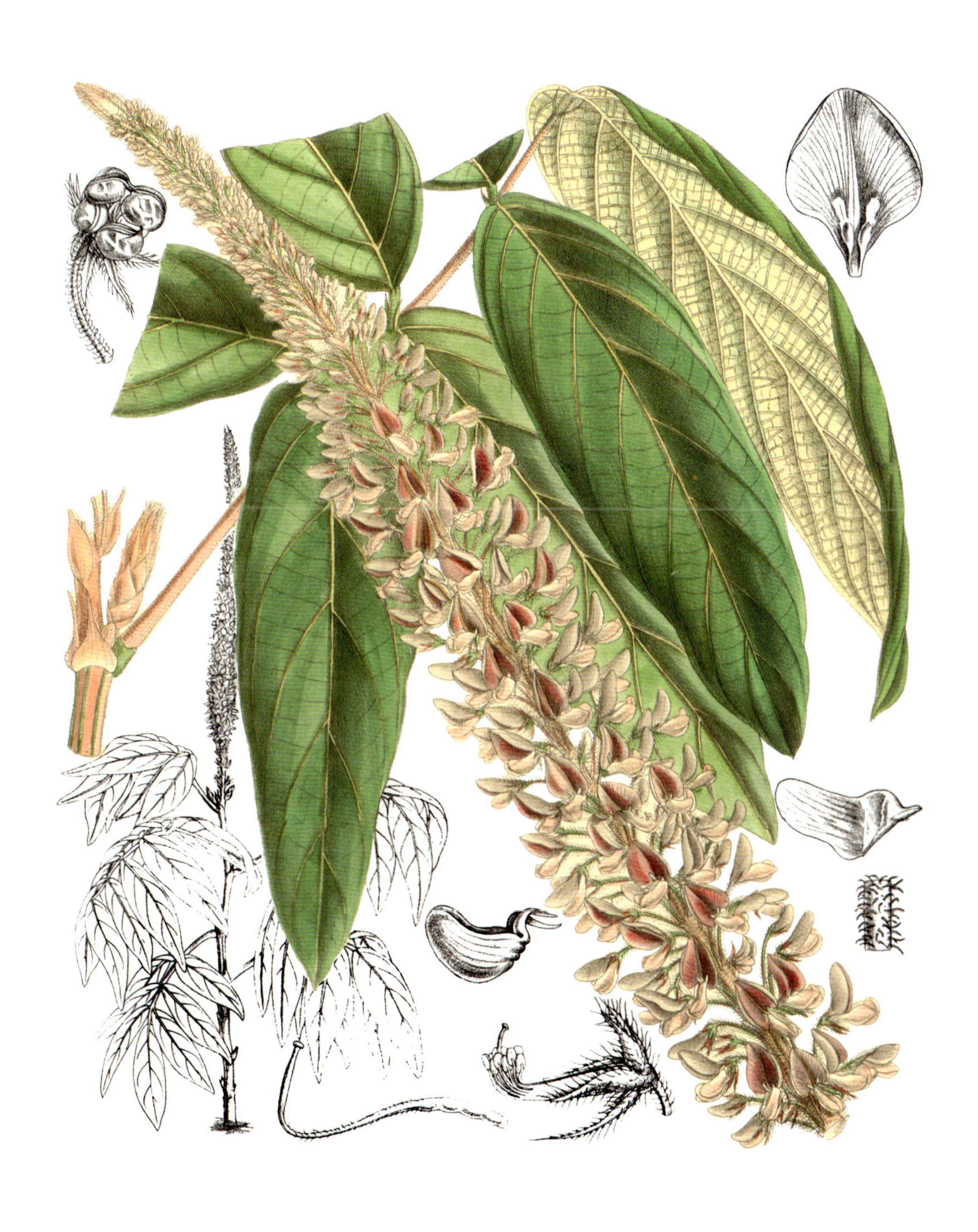

豆科 狸尾豆属 猫尾草 （*Uraria crinita*）

豆科 油麻藤属 常春油麻藤 （*Mucuna sempervirens*）

豆科 木蓝属 垂序木蓝 （*Indigofera pendula*）

豆科 木蓝属 毛瓣木蓝 （*Indigofera hebepetala*）

豆科 木蓝属 花木蓝 （*Indigofera kirilowii*）

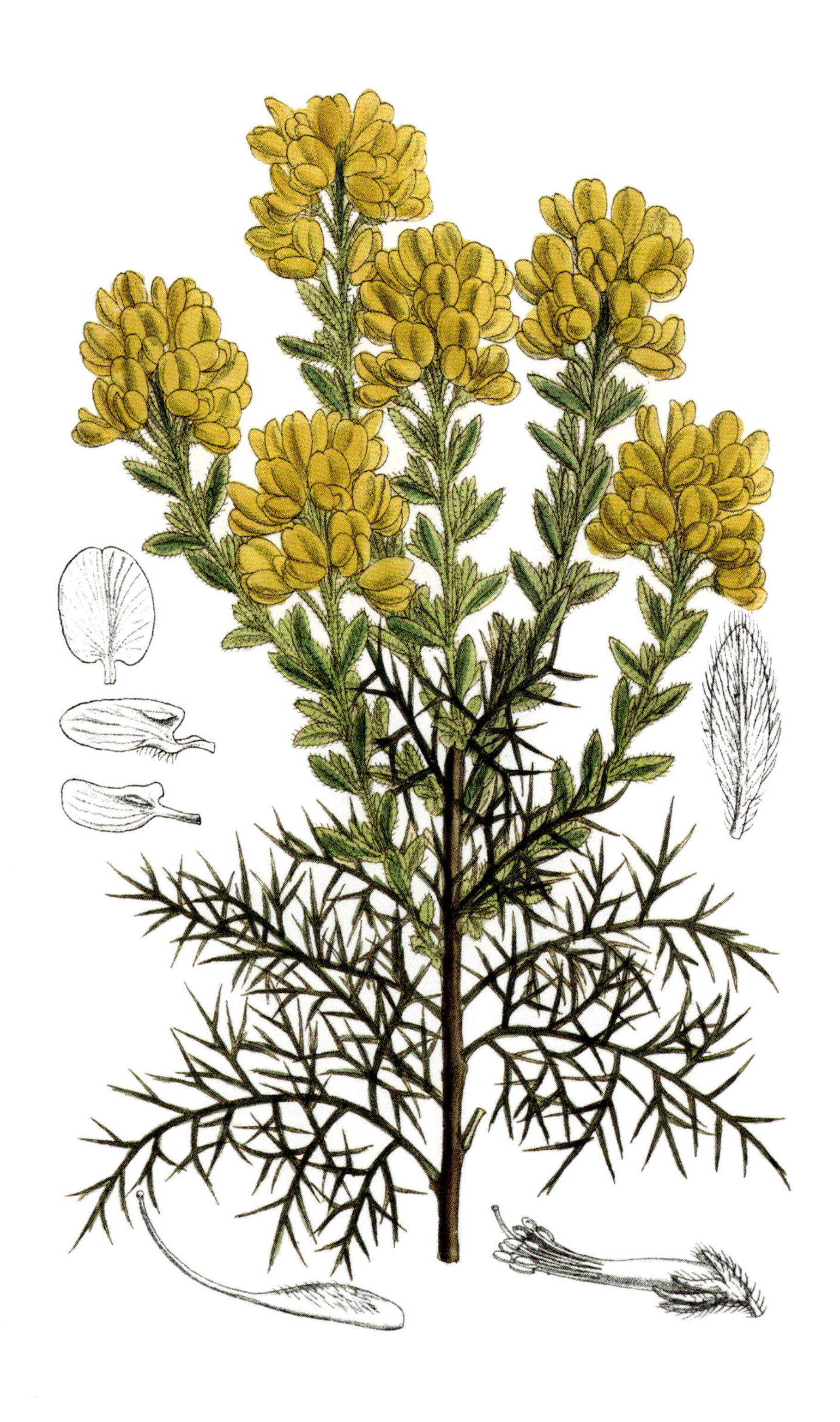

豆科 染料木属 西班牙染料木 （*Genista hispanica*）

豆科 山蚂蝗属 圆锥山蚂蝗 （*Desmodium elegans*）

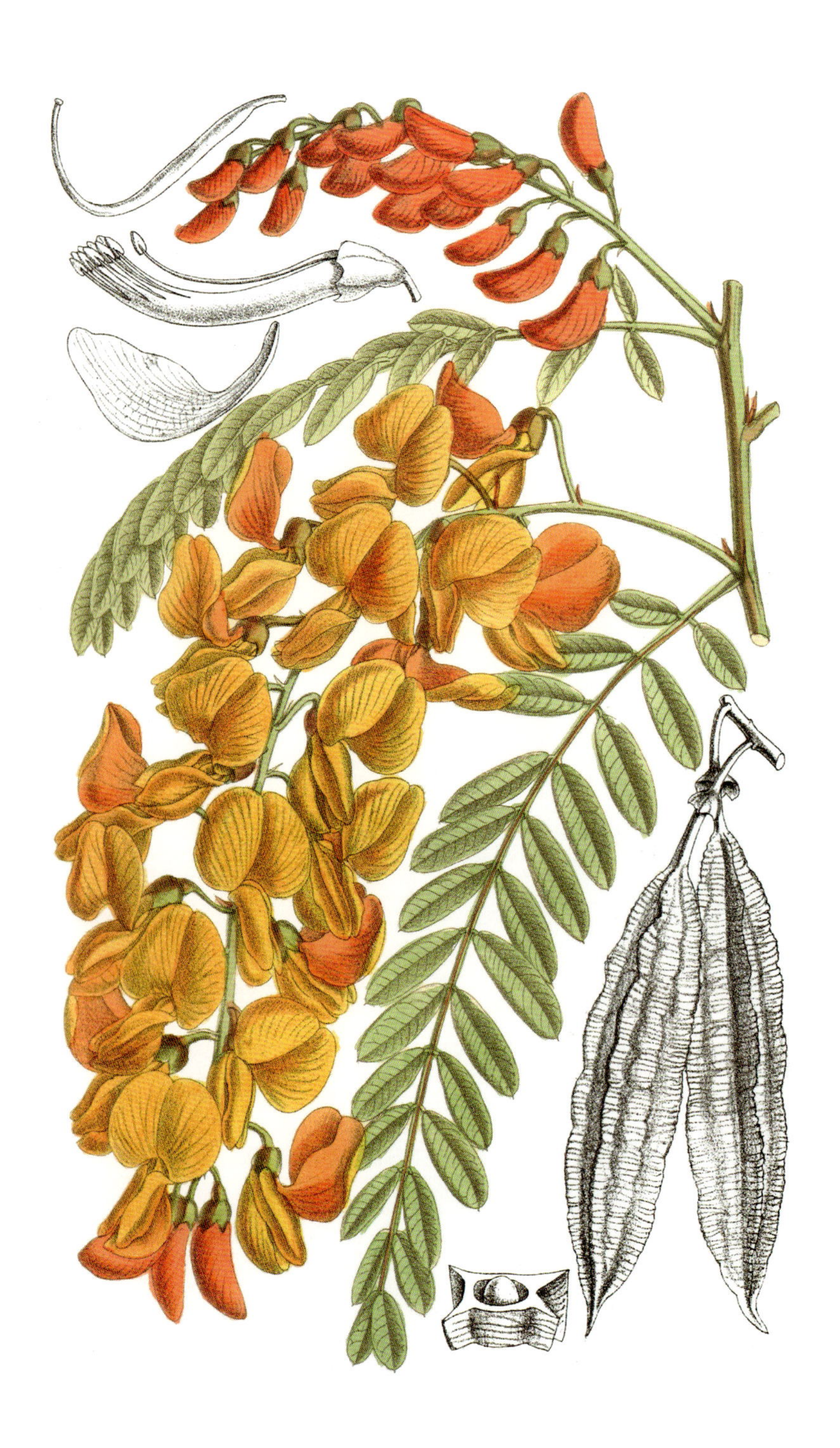

豆科 田菁属 榴红田菁 （*Sesbania punicea*）

豆科 香槐属 美国香槐 （*Cladrastis kentukea*）

豆科 紫藤属 紫藤 （*Wisteria sinensis*）

豆科 紫藤属 白花藤萝 （*Wisteria venusta*）

豆科 金合欢属 牛角相思树 （*Acacia cornigera*）

豆科 金合欢属 显著相思树 （*Acacia spectabilis*）

豆科 朱缨花属 镰叶朱缨花 （*Calliandra falcata*）

22. 芸香科

Rutaceae

常绿或落叶乔木、灌木或草本，稀攀援性灌木。通常有油点，有或无刺。叶互生或对生。单叶或复叶。花两性或单性，稀杂性同株；聚伞花序；萼片4或5片，离生或部分合生；花瓣4或5片，离生，极少下部合生；雄蕊4枚或5枚，或为花瓣数的倍数，花丝分离或部分连生成多束或呈环状；心皮离生或合生，蜜盆明显，柱头常增大。果为蓇葖果、蒴果、翅果、核果，或具革质果皮、或具翼、或果皮稍近肉质的浆果。

约155属，1600种，几乎遍布世界各地，主要生活在热带、亚热带。中国有22属，126种，其中特产1属、49种。

本科植物具有多种经济用途：一些属的果可生食或是制清凉饮料的原料，如柑橘类是秋、冬季的主要果品；柚、香橼、柠檬、甜橙等的花和果皮都含优质香精油，是饮食调味的天然香料；吴茱萸与黄檗属一些种类是速生树种，其木材是制家具的良材；不少属、种，如花椒属、九里香属、飞龙掌血属的根或茎皮，都有良好的镇痛效果或作其他药用。

芸香科 柑橘属 酸橙 （*Citrus aurantium*）

芸香科 柑橘属 河岸香橼 （*Citrus medica* var. *riversii*）

芸香科 花椒属 竹叶花椒 （*Zanthoxylum armatum*）

芸香科 茵芋属 日本茵芋 （*Skimmia japonica*）

23. 棕榈科

Arecaceae / Palmae

灌木、藤本或乔木，茎通常不分枝，单生或几丛生，表面平滑或粗糙，或有刺，或被残存老叶柄的基部或叶痕。叶互生，羽状或掌状分裂；叶柄基部通常扩大成具纤维的鞘。花小，单性或两性，雌雄同株或异株，有时杂性，组成分枝或不分枝的佛焰花序，花序通常大型多分枝，被鞘状或管状的佛焰苞包围；花萼和花瓣各3片，离生或合生。果实为核果或硬浆果；果皮光滑或有毛、有刺、粗糙或被以覆瓦状鳞片。种子通常1个，与外果皮分离或黏合。

约183属，2450种，分布在非洲、美洲、亚洲的热带、亚热带地区及马达加斯加和太平洋群岛。中国有18属，77种，其中特产27种。

本科有许多种类为热带亚热带的风景树种，是庭园绿化不可缺少的材料；有些种类的果实，如椰子、海椰子、蛇皮果、海枣、槟榔是极具异域风味的热带水果；棕榈的纤维可用于制作床垫，油棕的种仁可用于榨油。

棕榈科 槟榔属 麦氏槟榔 （*Areca micholitzii*）

棕榈科 豆棕属 豆棕 （*Thrinax excelsa*）

棕榈科 豪爵椰属 缨络豪爵椰 （*Howea belmoreana*）

棕榈科 木果椰属 橄榄木果椰 （*Drymophloeus oliviformis*）

棕榈科 射叶椰属 秀丽射叶椰 （*Ptychosperma elegans*）

棕榈科 轴榈属 圆叶刺轴榈 （*Licuala grandis*）

棕榈科 轴榈属 圆形轴榈 （*Licuala orbicularis*）

棕榈科 竹节椰属 秀丽竹节椰 （*Chamaedorea elegans*）

植物学常用术语图解

/绘

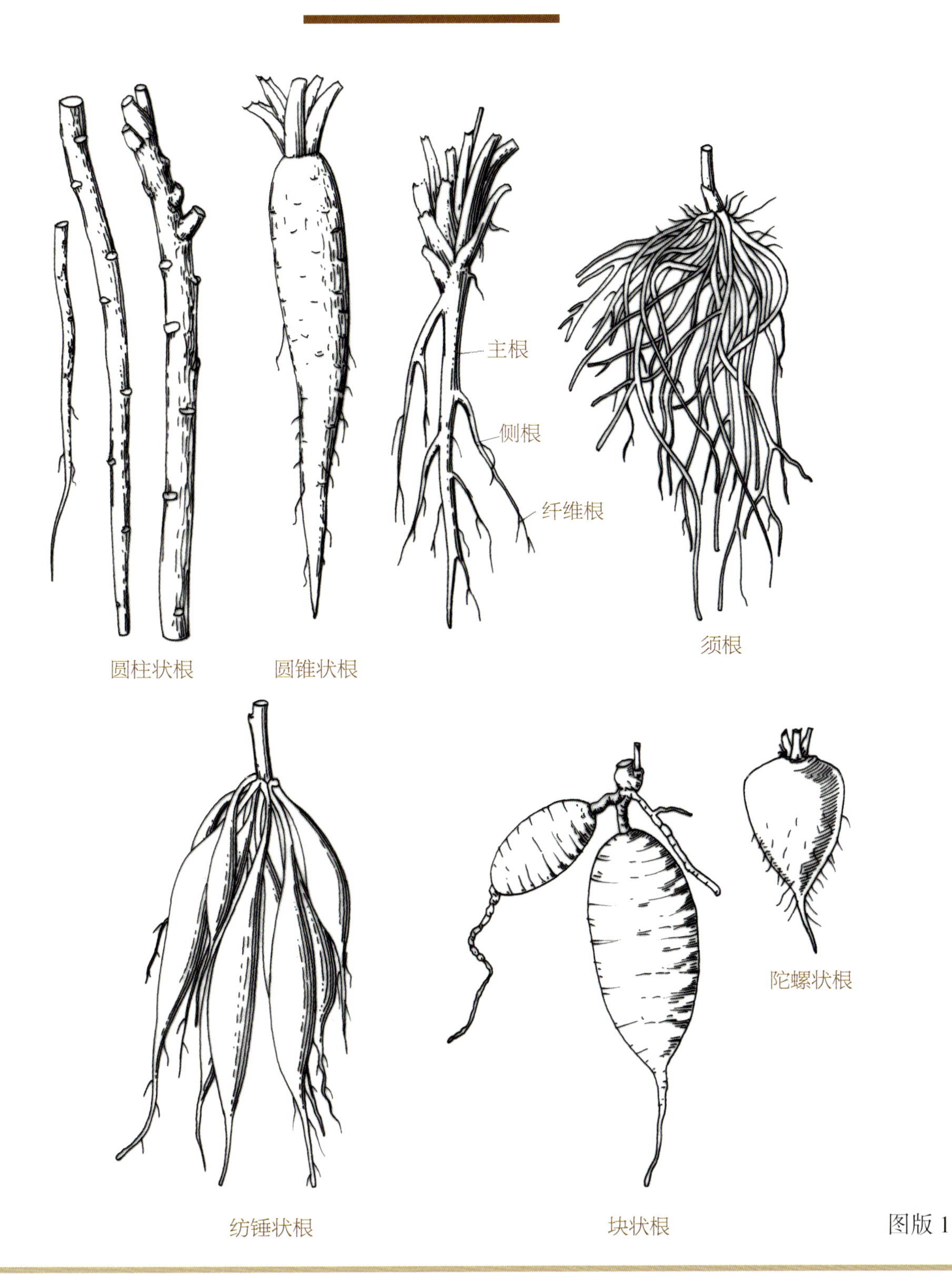

图版 1

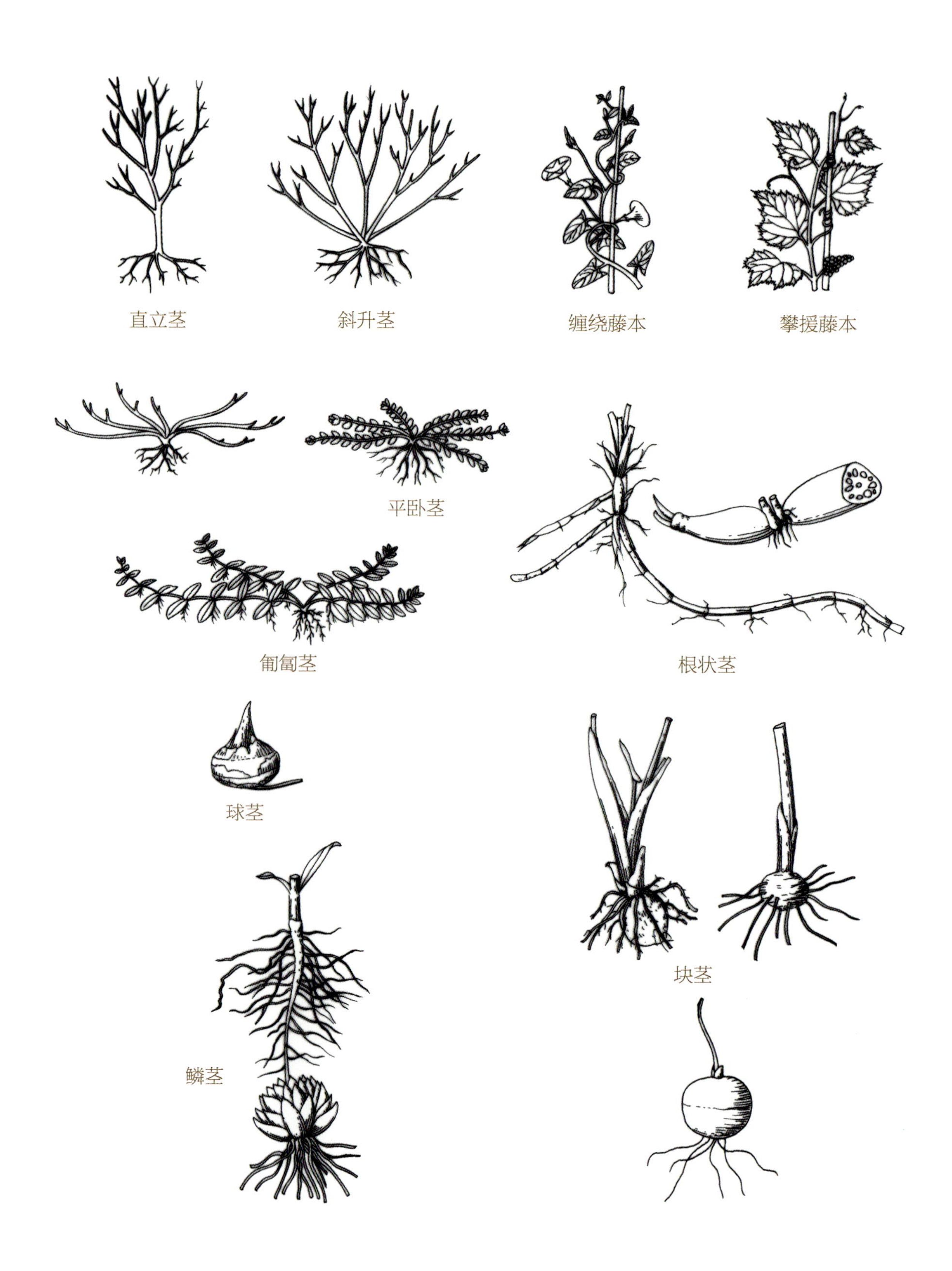

图版 2

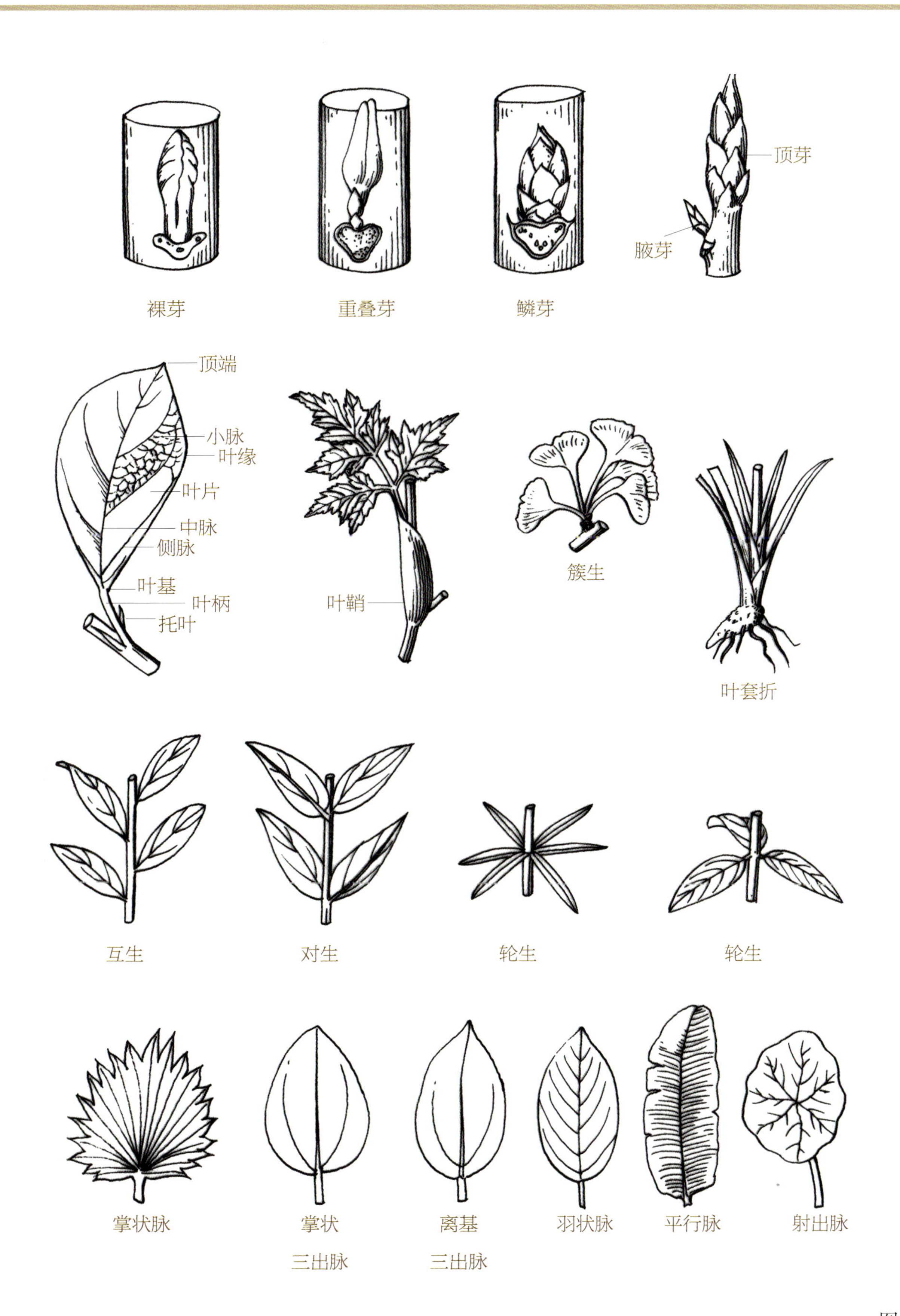
顶芽
腋芽
裸芽
重叠芽
鳞芽
顶端
小脉
叶缘
叶片
中脉
侧脉
叶基
叶柄
托叶
叶鞘
簇生
叶套折
互生
对生
轮生
轮生
掌状脉
掌状
三出脉
离基
三出脉
羽状脉
平行脉
射出脉

图版 3

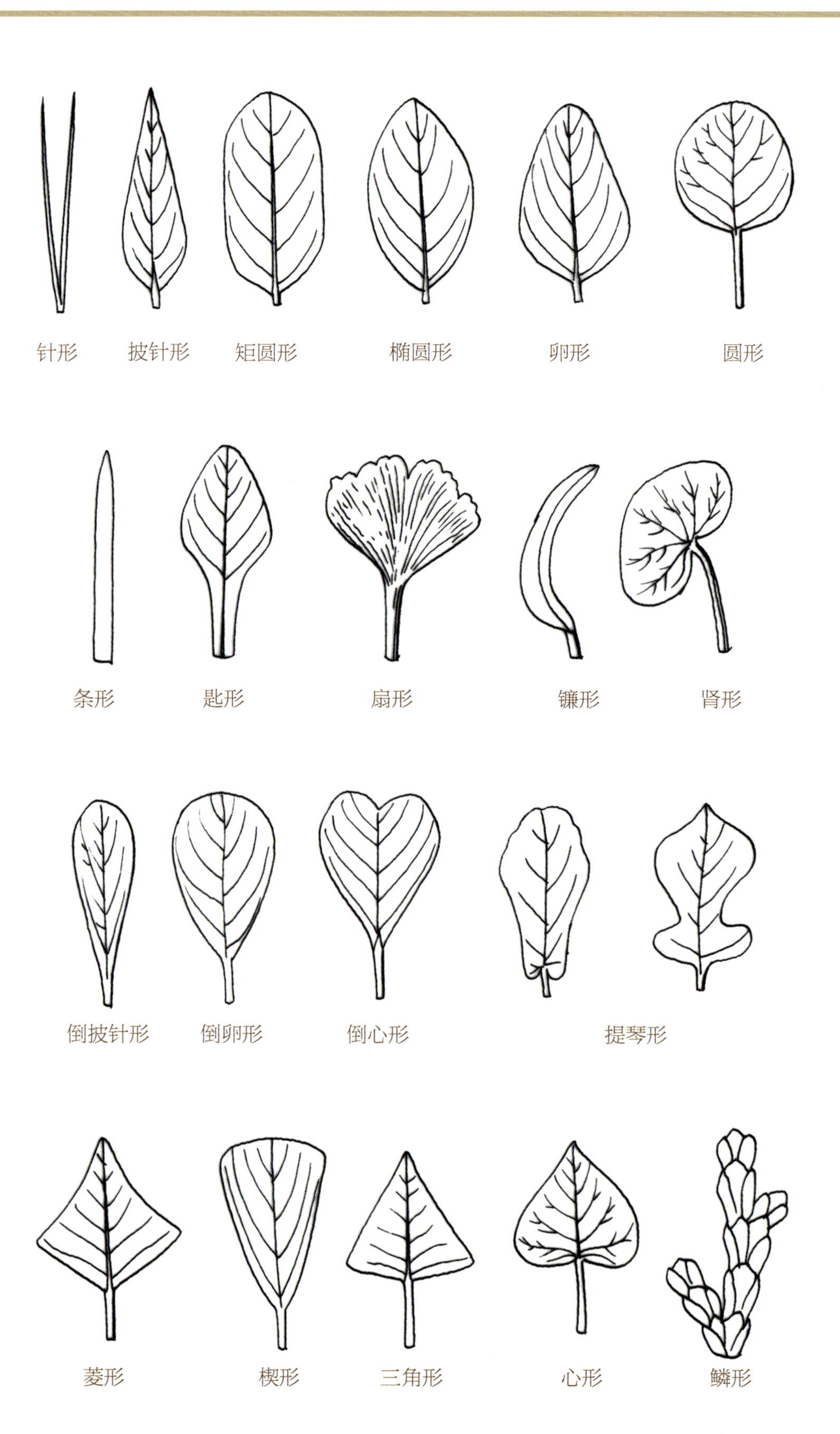

图版 4

卷须状
芒尖
尾状
渐尖
锐尖
骤凸
钝形

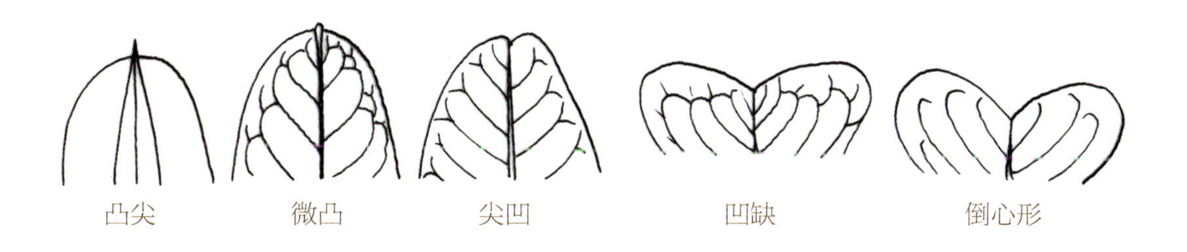
凸尖
微凸
尖凹
凹缺
倒心形

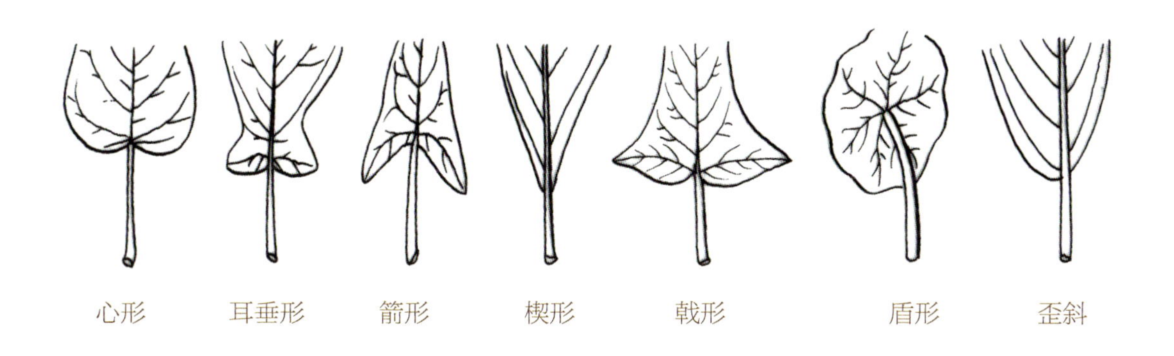
心形
耳垂形
箭形
楔形
戟形
盾形
歪斜

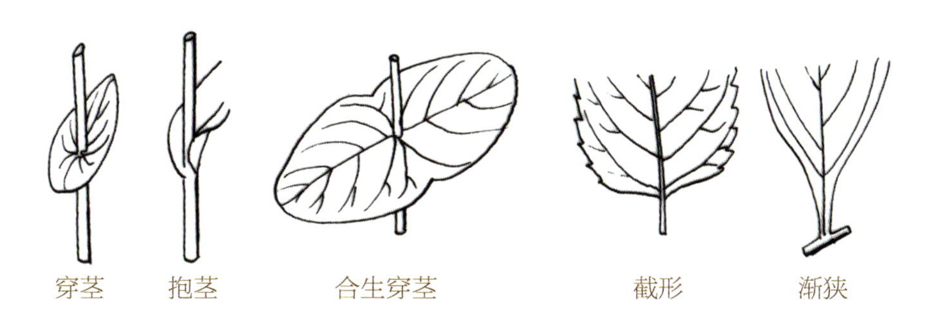
穿茎
抱茎
合生穿茎
截形
渐狭

图版 5

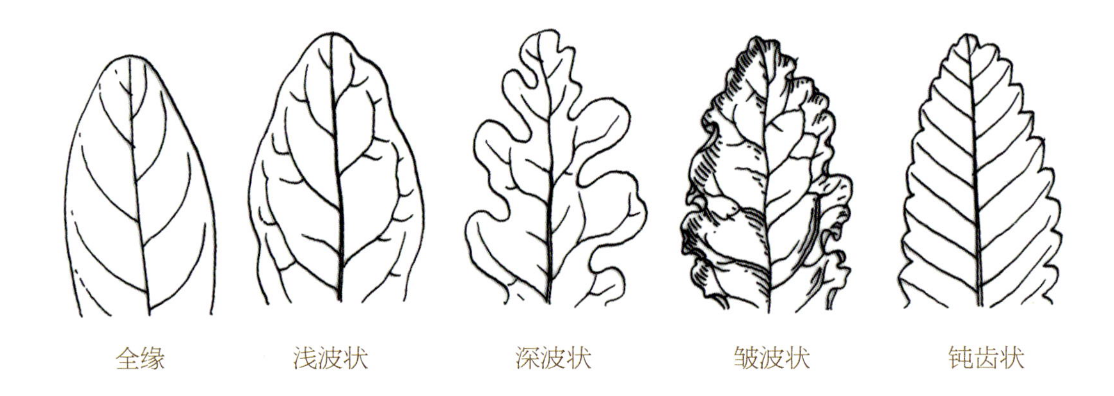
全缘
浅波状
深波状
皱波状
钝齿状

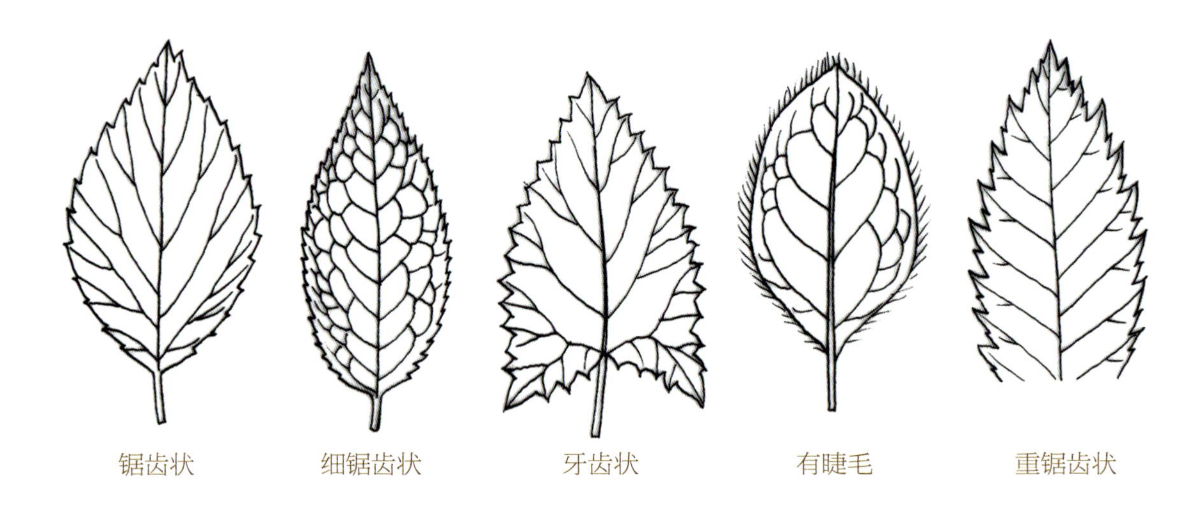
锯齿状
细锯齿状
牙齿状
有睫毛
重锯齿状

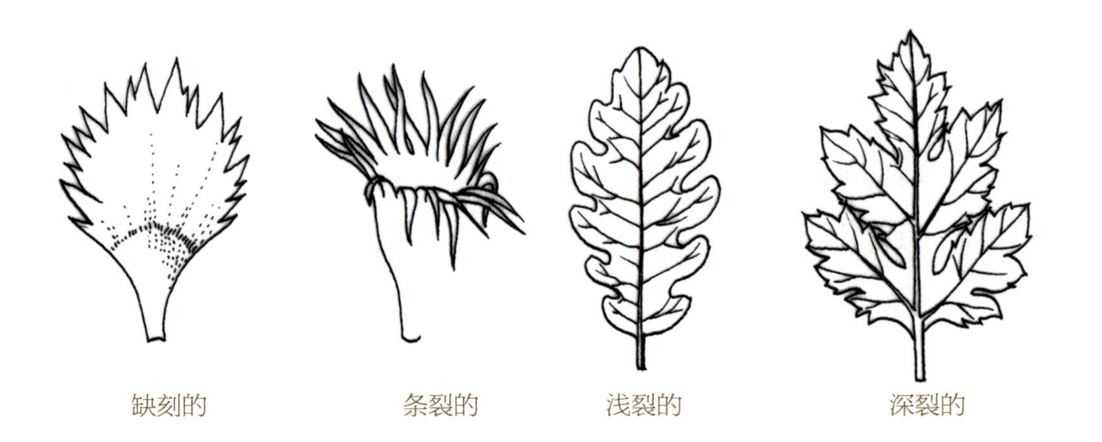
缺刻的
条裂的
浅裂的
深裂的

图版 6

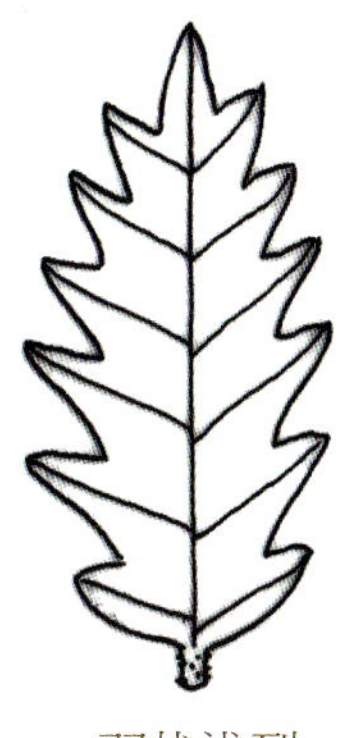

羽状浅裂

羽状深裂

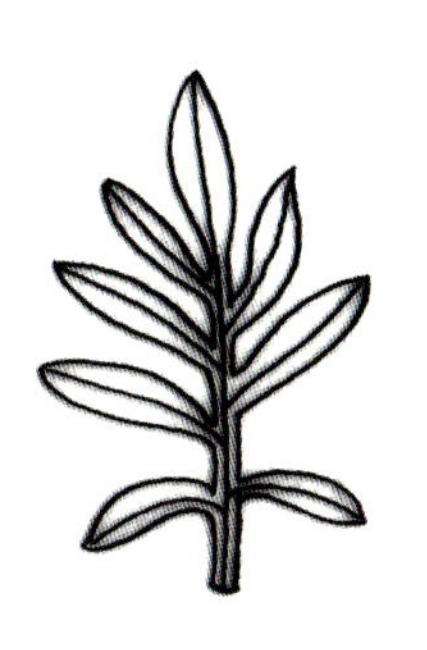

羽状全裂

倒向羽裂

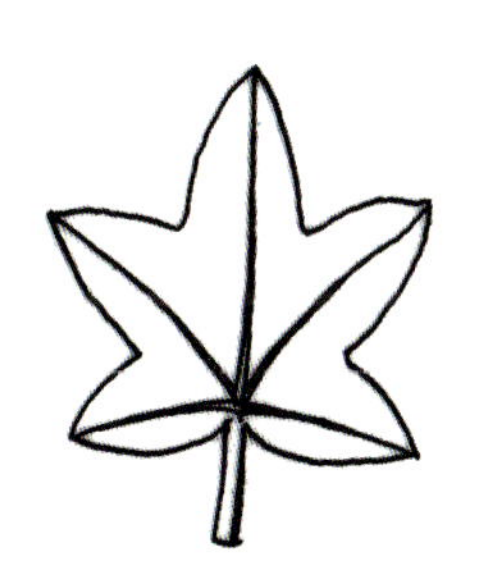

掌状半裂

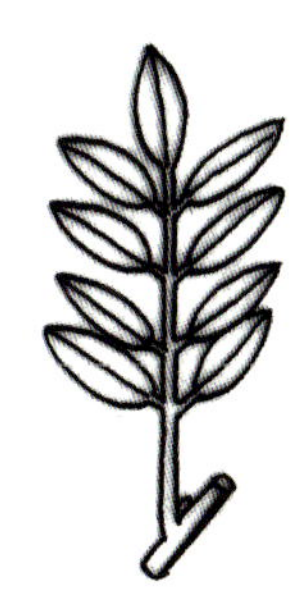

单数羽状复叶

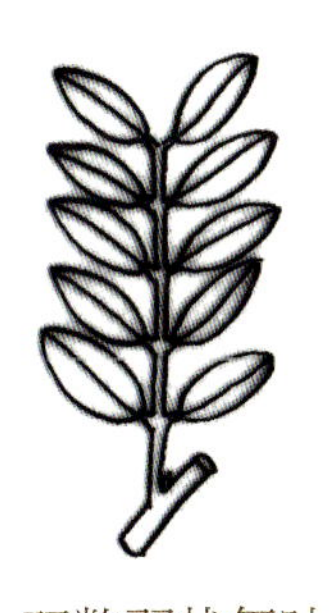

双数羽状复叶

掌状复叶

二回羽状复叶

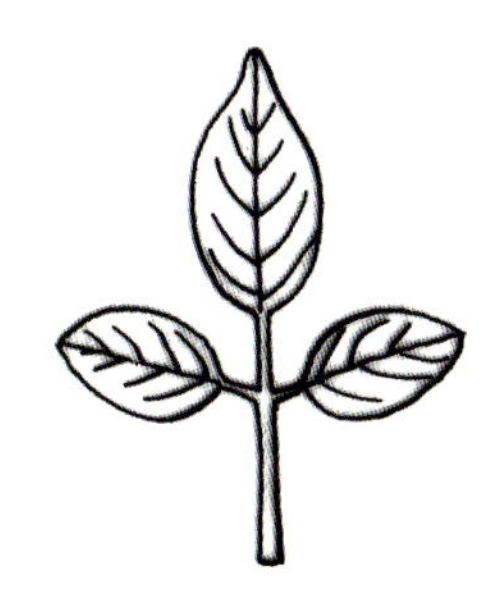

羽状三出复叶

掌状三出复叶

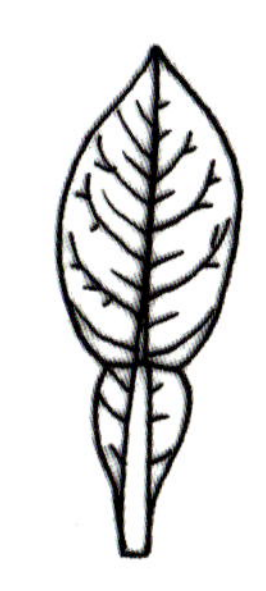

单叶复叶

图版 7

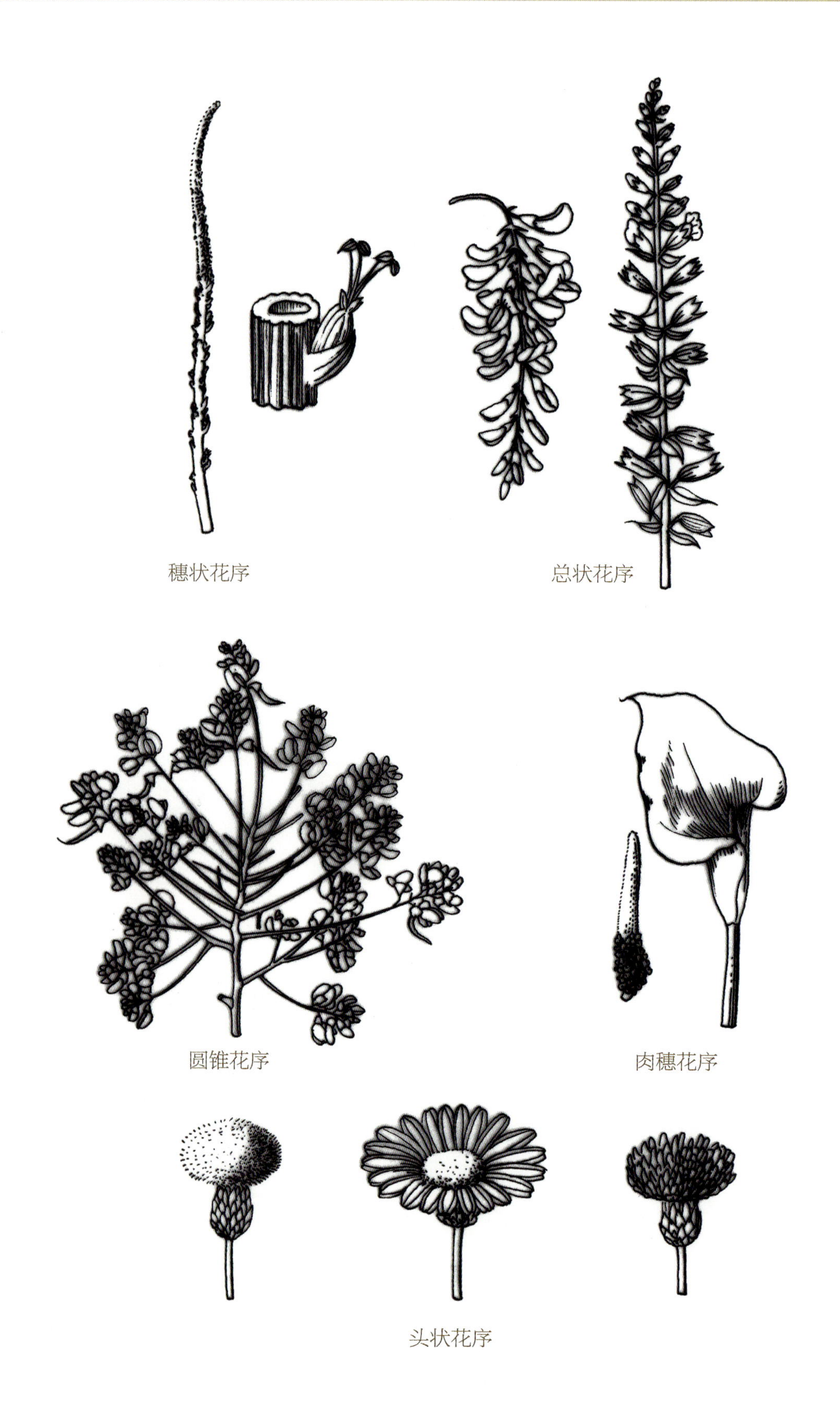

图版 8

图版 9

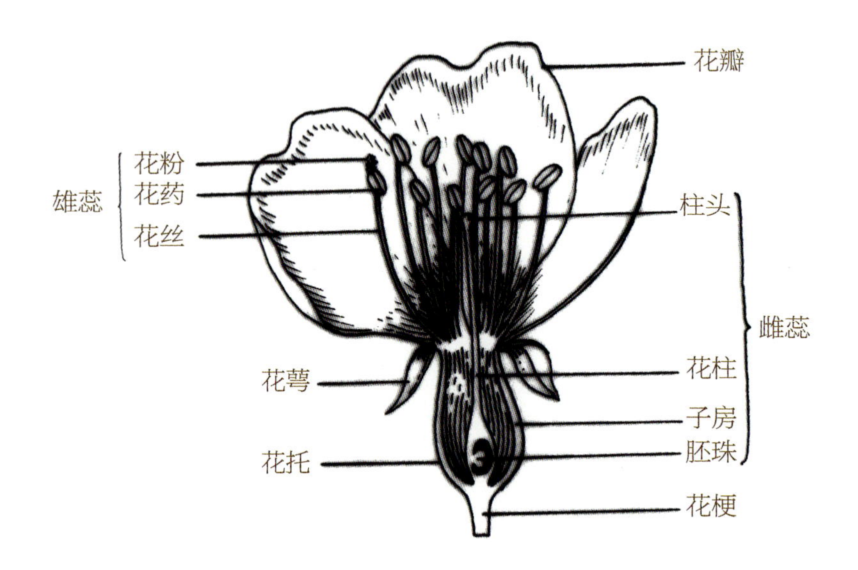

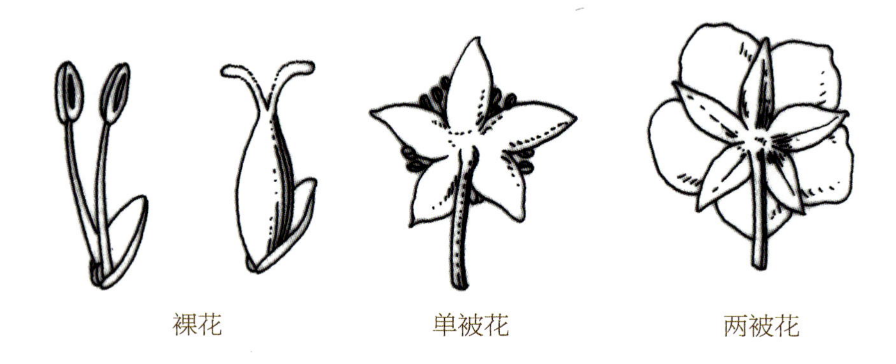

裸花　单被花　两被花

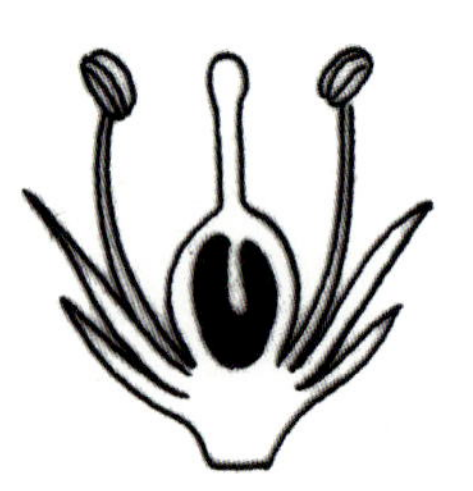

下位花（上位子房）

周位花（上位子房）

周位花（半下位子房）

上位花（下位子房）

图版 10

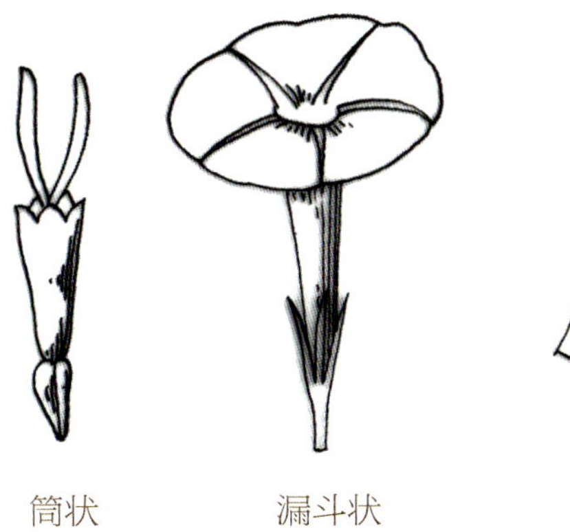

筒状 漏斗状

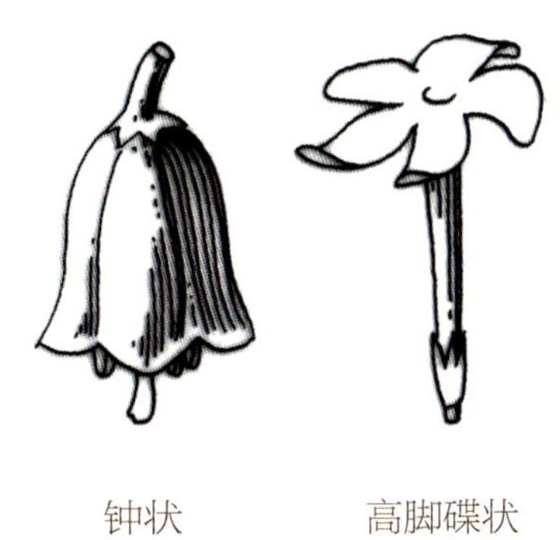

钟状 高脚碟状

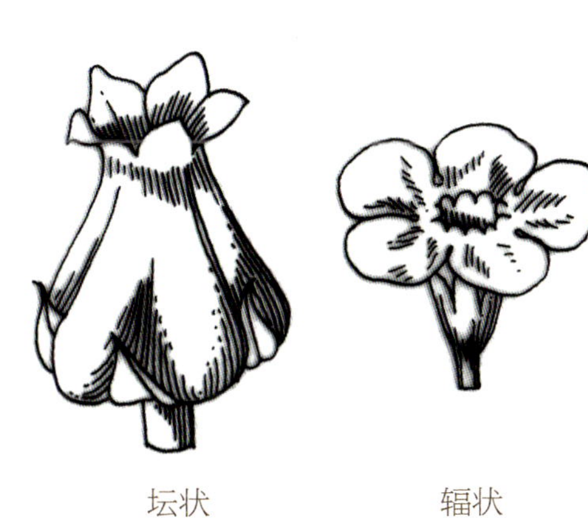

坛状 辐状

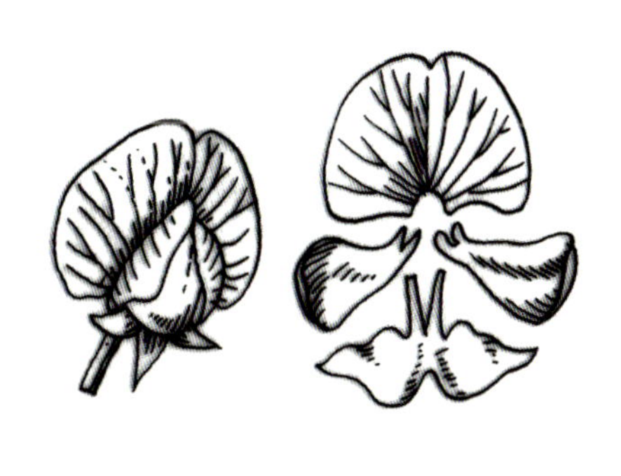

蝶形

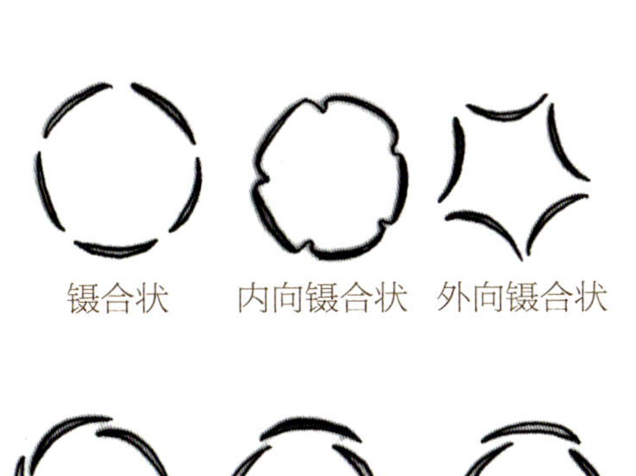

镊合状 内向镊合状 外向镊合状

旋转状 覆瓦状 重覆瓦状

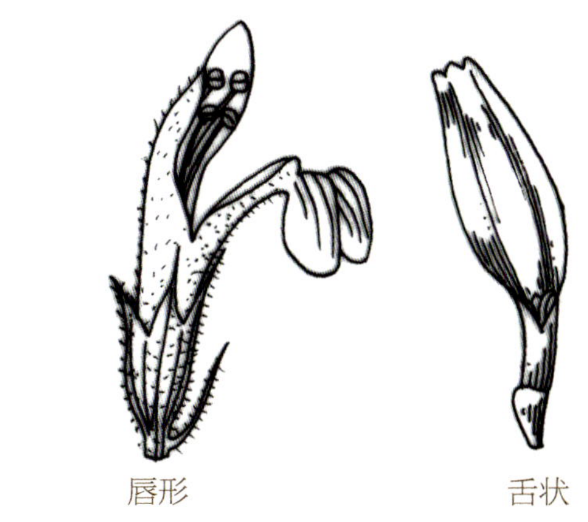

唇形 舌状

图版 11

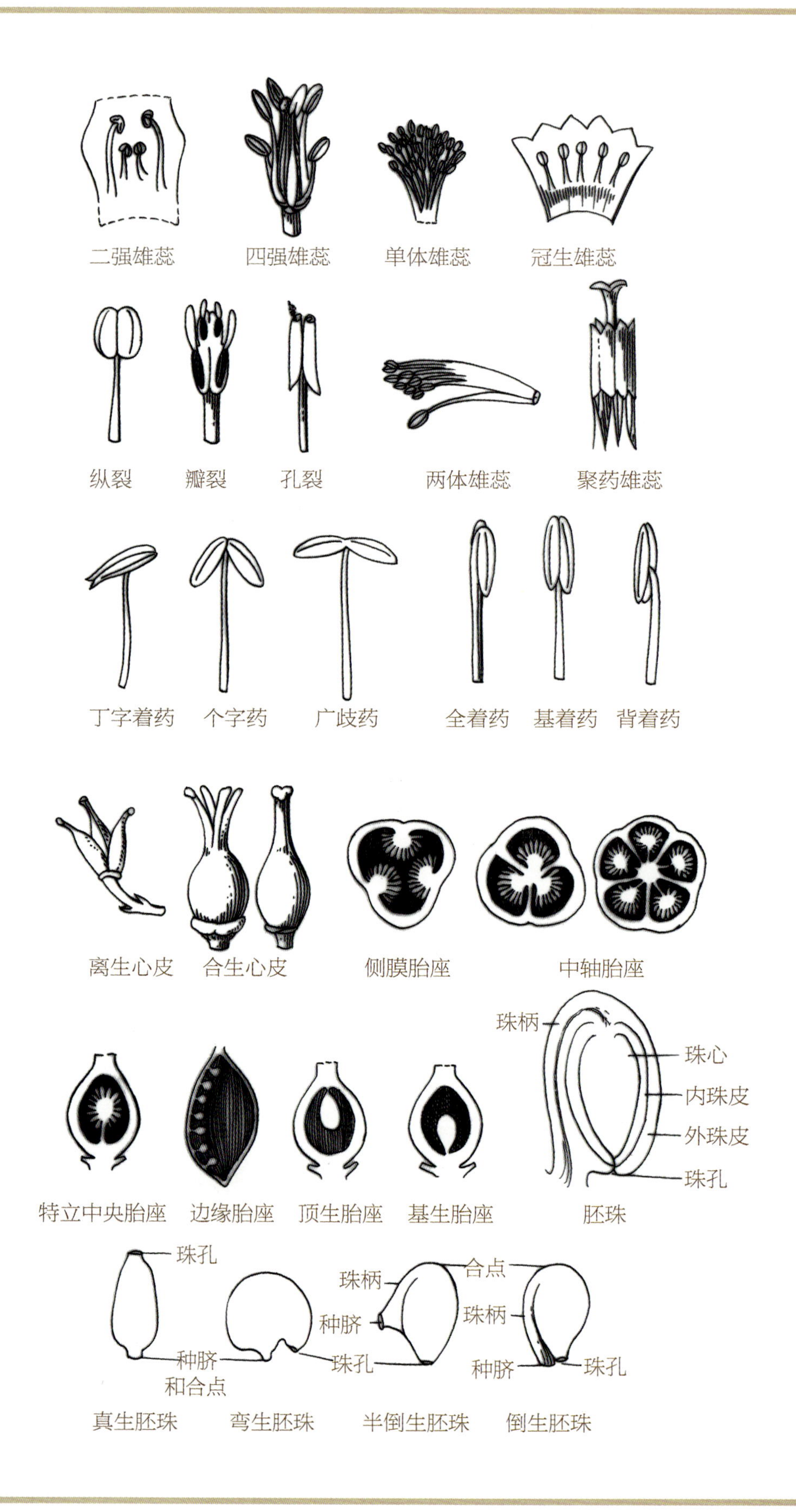
二强雄蕊
四强雄蕊
单体雄蕊
冠生雄蕊
纵裂
瓣裂
孔裂
两体雄蕊
聚药雄蕊
丁字着药
个字药
广歧药
全着药
基着药
背着药
离生心皮
合生心皮
侧膜胎座
中轴胎座
珠柄
珠心
内珠皮
外珠皮
珠孔
特立中央胎座
边缘胎座
顶生胎座
基生胎座
胚珠
珠孔
种脐
和合点
珠柄
种脐
珠孔
合点
珠柄
种脐
珠孔
真生胚珠
弯生胚珠
半倒生胚珠
倒生胚珠

图版 12

图版 13

图版 14

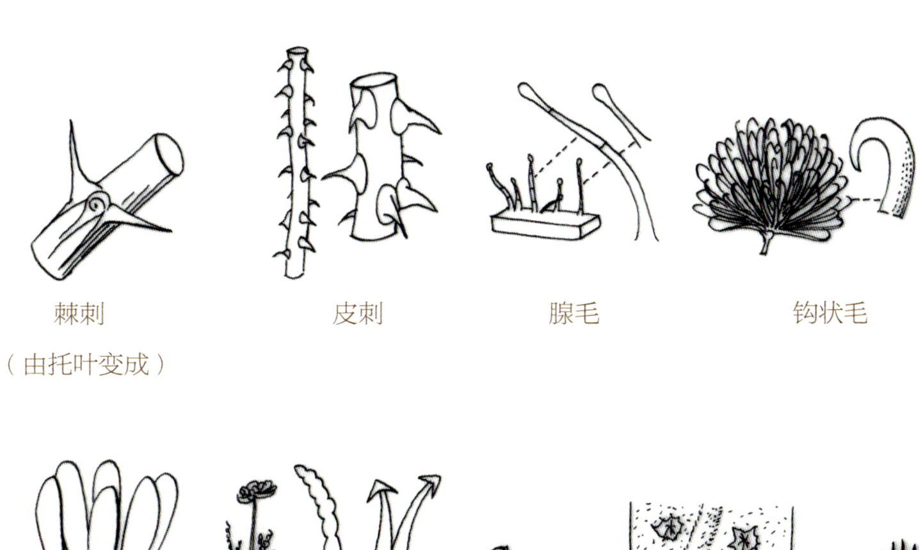

棘刺（由托叶变成）　皮刺　腺毛　钩状毛

棍棒状毛　串球状毛　锚状刺毛　鳞片状毛

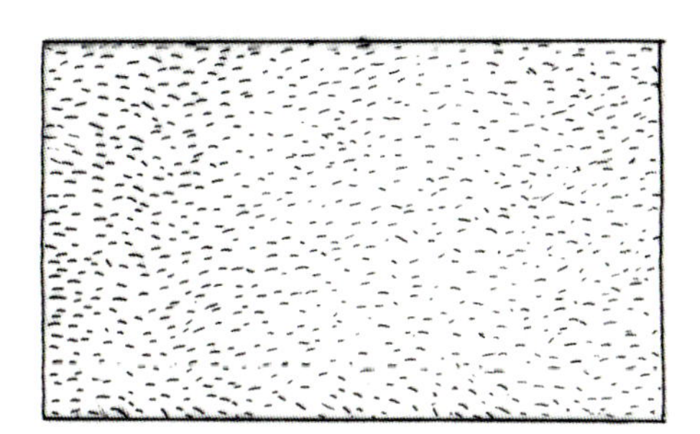

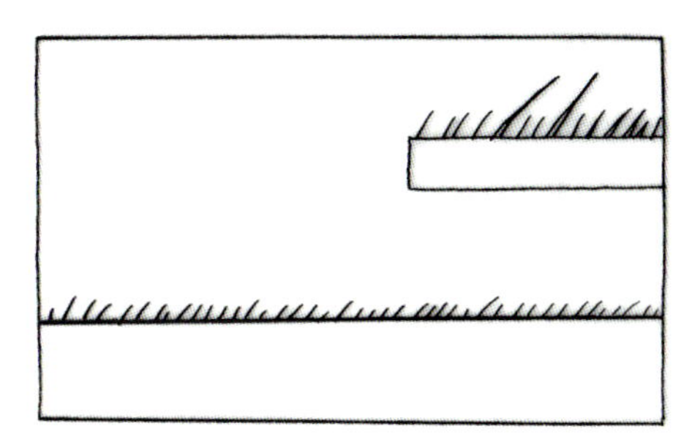

短柔毛

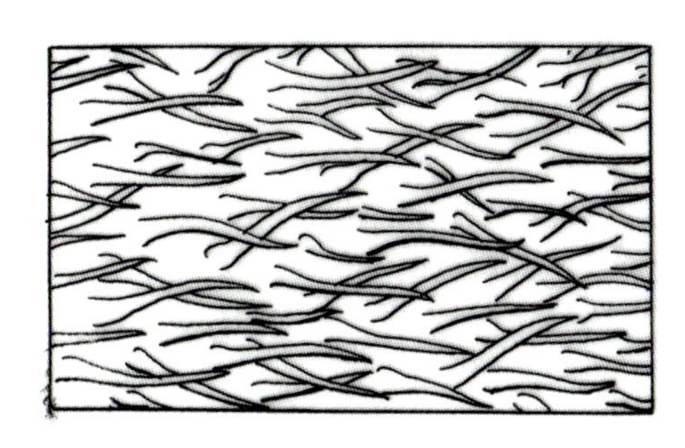

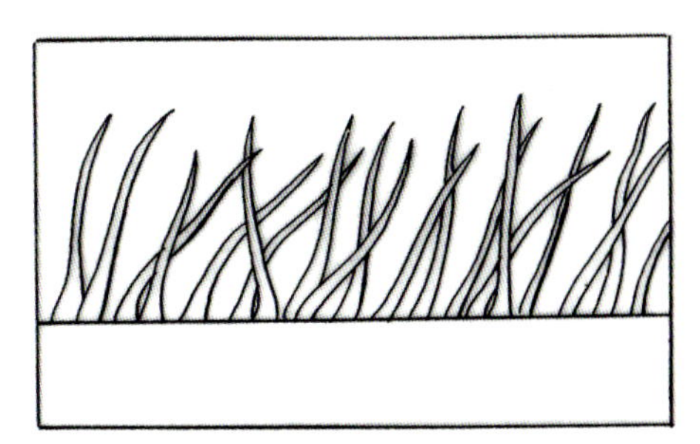

茸毛

图版 15

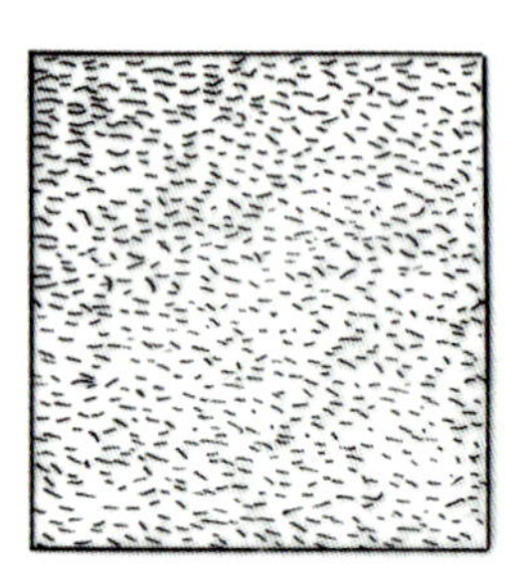
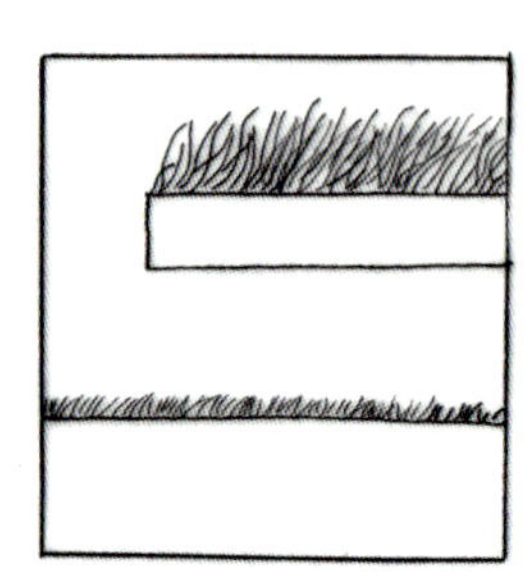

毡毛

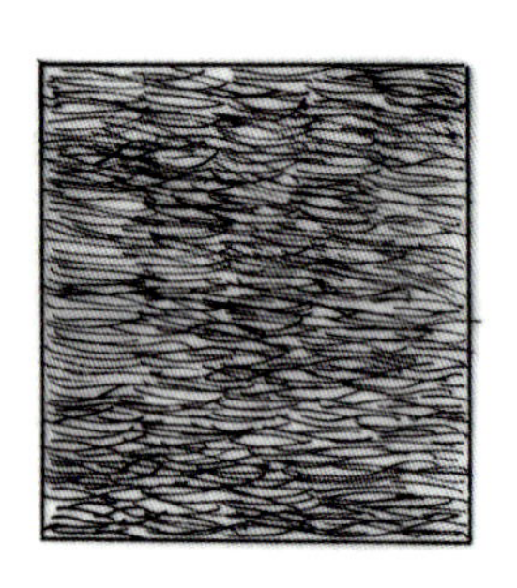
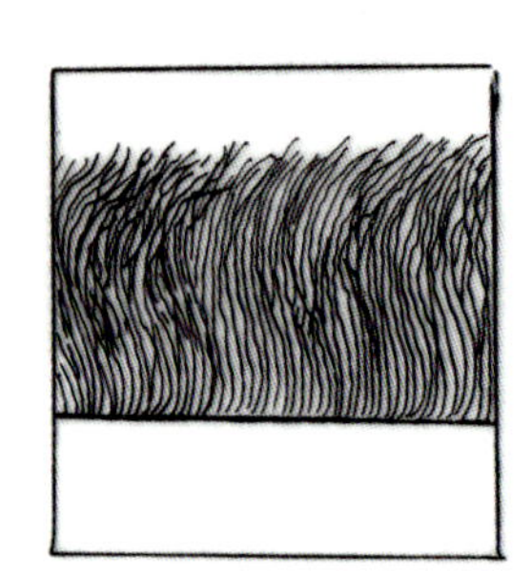

棉毛

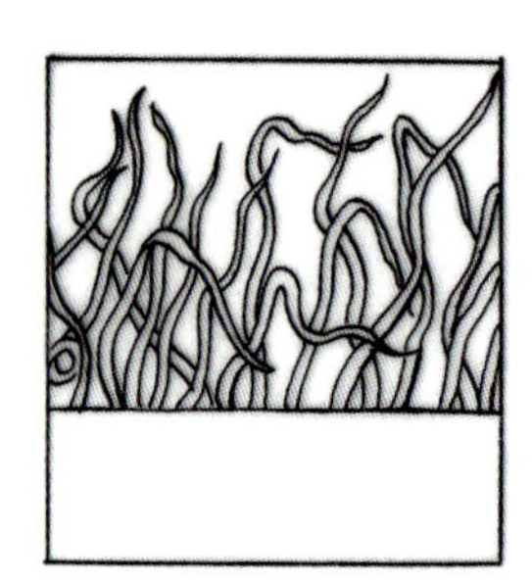

曲柔毛

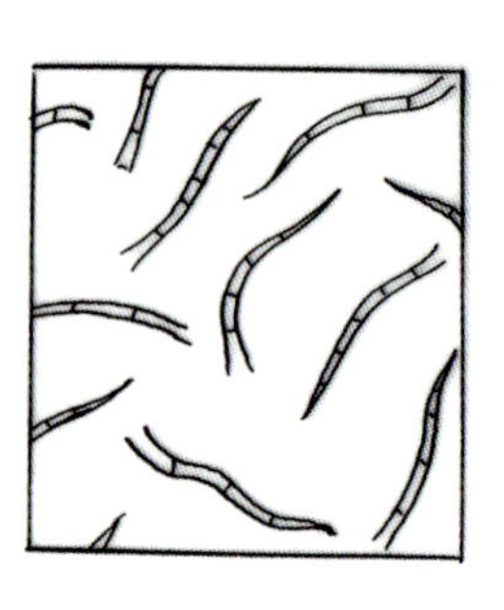
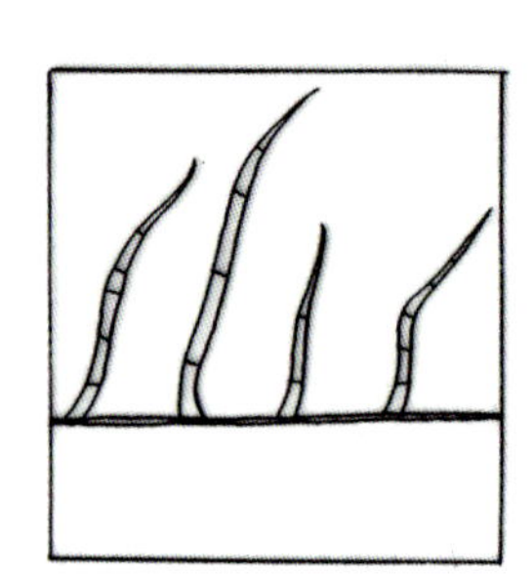

疏柔毛

图版 16

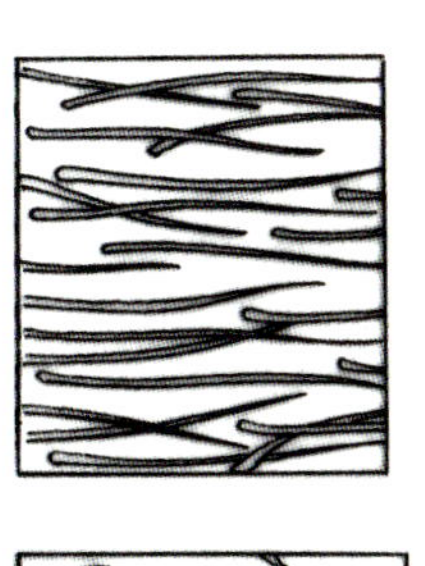

绢状毛

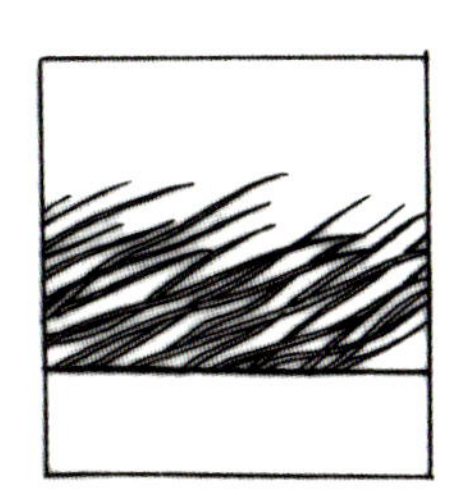

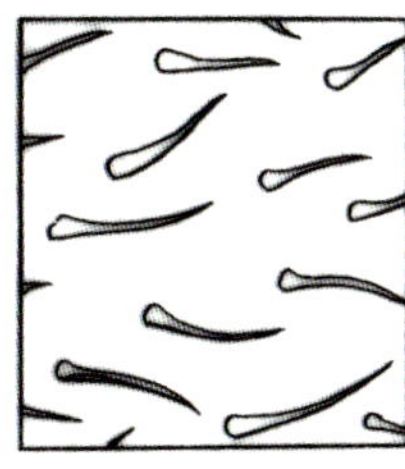

刚状毛

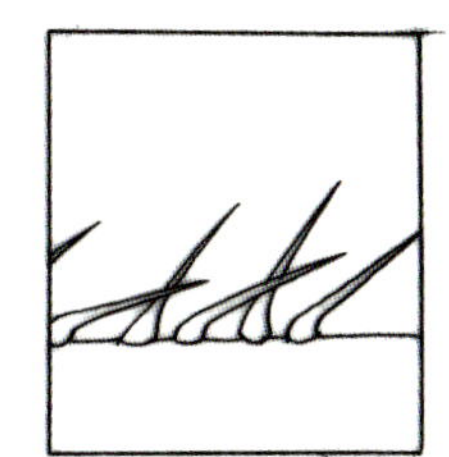

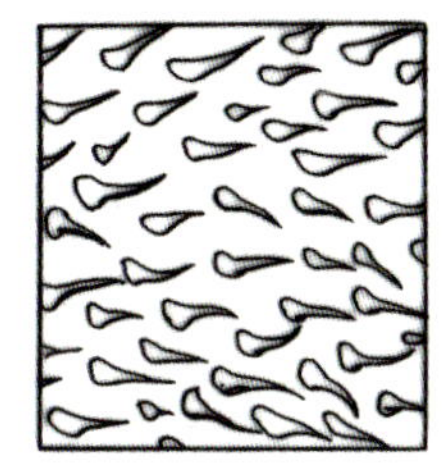

硬毛

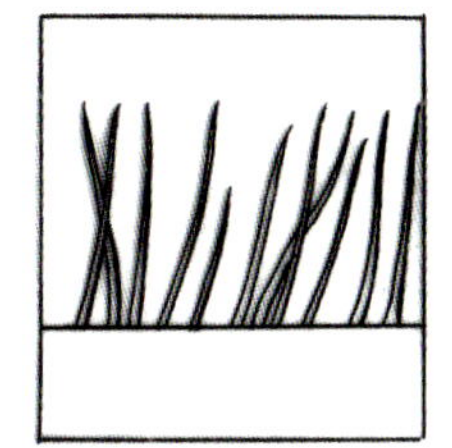

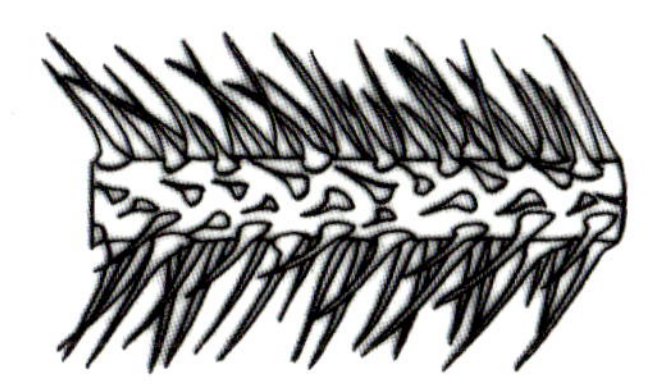

刚毛

星状毛

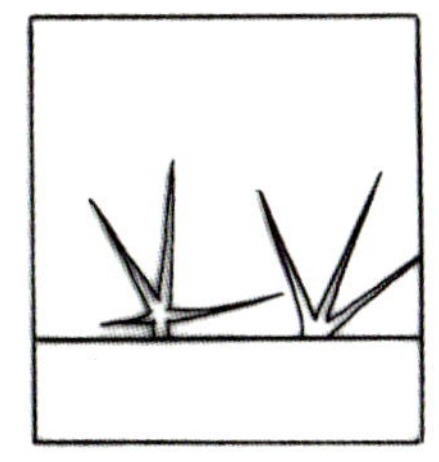

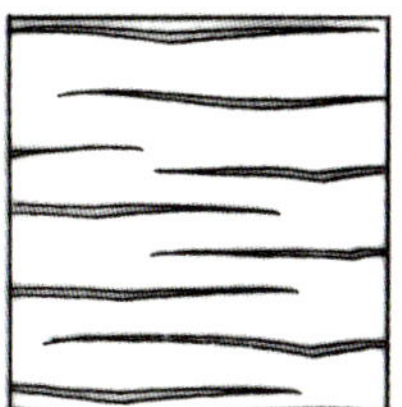

丁字状毛

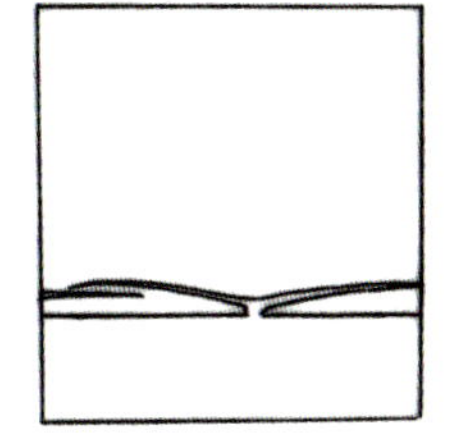

图版 17

后　记

陈莹婷

（中国科学院植物研究所）

玛蒂尔达·史密斯是植物绘画史上不容忽视的一颗耀眼明珠。她在著名植物学家兼制图师约瑟夫·胡克的悉心指导下，对植物学及植物绘画艺术产生了浓厚兴趣，并练就了一手堪称完美的科学绘画技法。后被胡克引进英国皇家植物园（邱园），专门从事植物绘图工作，由此开启了她与邱园，尤其是与邱园主办的、学界知名的《柯蒂斯植物杂志》（*Curtis's Botanical Magazine*）携手长达半个世纪的旅程。

《柯蒂斯植物杂志》创办于 1787 年，是世界上历史最悠久的植物学杂志，主要面向对园艺植物感兴趣和热爱植物绘画的读者，在推动和传播植物绘画艺术的过程中起了巨大作用。1878 年，该杂志第一次刊发玛蒂尔达的手绘作品，之后玛蒂尔达以植物制图师的身份为这份老牌杂志贡献了 2300 多幅插图和 45 年的美好时光。1898 年，她成了《柯蒂斯植物杂志》聘任的唯一一位植物画家。她也是第一位参加绘制《新西兰植物志》的科学画家，还经常参与邱园图书馆的图书插画修复工作。她用画笔复原被压扁的、干燥的甚至残缺的植物标本的画作，十分精细、可靠，备受赞赏。为了纪念玛蒂尔达的杰出贡献，人们以她的姓氏命名了苦苣苔科的一个属——绒桐草属（Smithiantha）。

本书中有不少精美的画作便来自玛蒂尔达发表在《柯蒂斯植物杂志》上的插图。总的来说，玛蒂尔达的手绘稿兼具科学性和艺术性，特别是对植物细节特征的真实、准确的描绘，至今仍属难得的品质，这与玛蒂尔达曾受过植物学专业的熏陶和训练，以及长期供职于植物学术期刊、为分类学家绘制形态图的经历不无关系。我们能从她的作品上看到，不仅有植物器官，如根、枝、叶、花、果实、种子的整体描绘，更有对器官内部的形态解剖学特征的细致展现，如花中的雌雄蕊、雌蕊的子房、雄蕊的花药、果实的切面等——这些极具分类学意义的植物性状，都被玛蒂尔达用画笔耐心地绘制出来，以供专业人士参考。也许对公众来说，玛蒂尔达的画因为注重科学性而缺少那么一点艺术美感，但在分类学家及具有一定专业知识的爱好者看来，其作品已超越传统的装饰性绘画，而具备可用于科学研究的功能价值。科学画脱胎于强调创造性和观赏性的艺术画，大多数时候是为科研服务，以“科学性第一、艺术性第二”为准则。即便这样，玛蒂尔达的植物插画依然带给我们美的享受，这种特殊的美，既来自画者深厚的美术功底，也源于她对植物形态的真实记录和准确还原，以及作为一名科学制图师应有的认真、严谨的敬业态度。

需要说明的是，为方便中国读者使用本书，我们仍按中国植物学界的权威巨著《中国植物志》的分类系统重新编排本书植物的分类学位置，但保留原作的拉丁学名，中文名则参考了中国自然标本馆收录的异名。

2016 年 5 月
于香山寓所

推荐语

在近代，博物画与全球新种的搜寻和发表相伴，激发了有闲阶层对大自然之多样性、精致性的关注，它是科学文化、博物学文化的重要组成部分。若干博物学家自己也能画画，不过他们通常会雇用专门的画师，如班克斯、胡克、林德利所做的。在数码摄影日趋普及的今天，拍出几张清晰的动植物照片可能不是很困难，但照片与绘画各有特长，无法互相取代。新成长起来的中国博物学爱好者可以通过观察马蒂尔达画作展示的精细结构更准确地认识各科属植物的特征，也可以模仿前辈亲自描绘身边的植物。

——刘华杰（北京大学哲学系教授，博物学文化倡导者）

手绘植物图在博物学著作、植物学专著与核心期刊中有着举足轻重的地位，一张张手绘图不仅是对故事和文字的补充，也是对植物形象的记录与再现，更是对植物灵魂的诠释与传播。

玛蒂尔达是为数不多的女科学绘画大师中极为出色的一位，她在植物学研究领域作出了卓越的贡献，推动了人类对大自然的认知，对我国的博物学发展也有很大的促进作用。

——王康（北京植物园科普中心主任，高级工程师；微信公众号：王康聊植物）

玛蒂尔达是世界博物学绘画历史上比较专业和具有代表性的绘画家。她所绘画的植物图，不仅具有很高的学术价值，还具有很高的艺术欣赏价值，是十分珍贵的植物学史料。特推荐大家鉴赏！

——彭勇（中国医学科学院药用植物研究所研究员，广西分所副所长）

中国是杜鹃花属的多样性中心，有 300 多个物种。在山野中观赏盛开的杜鹃花是人生快事，但仅凭一张照片鉴定杜鹃花的物种却非常痛苦，因为照片往往不能表现鉴定需要的全部特征。非独杜鹃花属，其他复杂类群亦然。本书收录了 42 种杜鹃花，不仅有整个开花枝条的彩图，还有雄蕊、雌蕊乃至叶片两面细节的墨线图，这些都是鉴定杜鹃花非常重要的特征。不过，本书的价值远不止此，更重要的是贯穿于作者创作过程中的细致的观察方法，这是植物分类学工作者和爱好者都应该学习的。

——顾垒（中科院植物学博士，首都师范大学教师，科普作者，微博科普达人 @ 顾有容）

作为一名生活于 19 世纪末、20 世纪初的女性，玛蒂尔达以其聪颖和勤奋成为了著名的植物科学画师，并以女性特有的细腻，准确而传神的描绘出了植物的整体和细部特征。如此生花妙笔使她的每一幅画作都成为不可多得的精品。透过她的笔触，我们仿佛能直接触摸到这些植物，并领略每一种植物独有的神韵。这正是玛蒂尔达的魅力，同时也是植物科学画的魅力所在。

——郗旺（中科院植物学博士，科普作者，微博科普达人 @ 飞雪之灵）